云南地理食志

米线

要云 著

云南出版集团

YNK 云南科技出版社

·昆明·

图书在版编目(CIP)数据

云南地理食志. 米线 / 要云著. -- 昆明 : 云南科
技出版社, 2022 (2023.7 重印)
　ISBN 978-7-5587-4180-7

Ⅰ. ①云... Ⅱ. ①要... Ⅲ. ①风味小吃－介绍－云南
Ⅳ. ①TS972.142.74

中国版本图书馆CIP数据核字(2022)第103590号

云南地理食志　米线
YUNNAN DILI SHIZHI　MIXIAN
要 云 著

出 版 人：温　翔
策　　划：高　亢
责任编辑：赵伟力　王建明　洪丽春　苏丽月
　　　　　蒋朋美　曾　芫　张　朝
助理编辑：龚萌萌
书籍设计：李润水
责任校对：秦永红
责任印制：蒋丽芬

书　　号：ISBN 978-7-5587-4180-7
印　　刷：云南金伦云印实业股份有限公司
开　　本：787mm×1092mm　1/32
印　　张：12.125
字　　数：305千字
版　　次：2022年10月第1版
印　　次：2023年7月第2次印刷
定　　价：49.80元

出版发行：云南出版集团　云南科技出版社
地　　址：昆明市环城西路609号
电　　话：0871-64114090

诗与远方
——那碗漂满金菊花瓣的过桥米线

云南，彩云之南，一片梦幻般的土地，引起了无数旅游者的遐思和向往。秀丽的山川风貌，神秘的历史流传，多彩的民族风情，无不让人为之心动，而牵引很多人思绪的，还有这片丰饶土地奉献的珍馐美味。无论是汽锅草芽的恬静、火烧菌子的悠然，还是火腿夹乳的醇厚、茶香小炒的清雅，都让很多游客心旌摇曳，无法忘怀。让更多人深深迷恋的，还有那碗漂满金菊花瓣的过桥米线。在很多人心中，它已经不是一种食物，早已化为一首雅致与雍容并存的田园诗歌。

滇风百味，何止一碗米线，米线百款，何止一个过桥，山珍水鲜、火腿乳扇、菌菇香草、鲜花美果，哪一种不给游客食客留下深刻的印象？但能够誉满神州、为人津津乐道的，却是一碗清新淡雅的过桥米线。以致说起米线，很多到过甚或没到过云南的人，第一个想起来的，一定是这碗飘逸着悠然清气的过桥米线。为过桥米线送上的赞美不计其数，最贴切的是文学大家、美食大家汪曾祺先生，淡然一语，已然成诗——"食品中的尤物"。

过桥米线的历史其实并不长，清末民初方才出现。最初的流行地区仅限于滇南一片，20世纪20年代才引入昆明。但自进入昆明始，便因其食法雅致，逐渐流行。真正让这碗米线名声大振的，是抗战期间。作为抗战大后方的昆明，接纳了二十多万战时移民，来自东南西北的人们第一次品味到云南味道，锅贴乌鱼、乳饼青豆、鲜花入馔、菌子百味，乃至牛肉冷片、羊肉汤锅、卷蹄菜酢，都让他们大开眼界。而琳琅满目的各色米线，更是让很多人为之迷恋，最受推崇的，正是出自滇南、名扬昆明的过桥米线。酷爱这款美食，赞誉这款美食，将其视为"尤物"，为这款美食扬名的最大人群，是战时落籍云南的知识分子群体。最大的原因，大约是这款食物的雅致，契合了他们的气质和精神。

雅致的食物，必然会衍生出雅致的故事。流传最广的是书生与娘子的故事。书生为求金榜题名，避开市井，到湖心小岛潜心读书，娘子过桥送饭，路途长，天气寒，为了保温，将鸡汤与米线、菜肴分别包裹。到了岛上，书生尔食，尚鸡汤滚烫，米线温润。秀才感念娘子，刻苦研修，终于三试皆捷，高中进士。过桥米线由此流播民间，成为滇味一绝。这是一个很温婉的民间传说。这传说中的湖，是蒙自的南湖。因此，过桥米线的名字之前，还要加上蒙自二字：蒙自过桥米线。可实际上，过桥米线的生发之地，却非蒙自，而是建水。方志记载，晚清光绪年间，建水有一个小本经营的人叫李马田，开了一个小米线馆，地点就在建水锁龙桥头。李马田用鸡鸭和猪筒子骨熬汤，来吃米线的人，先奉上一碗滚汤，配菜和米线由顾客自点，丰俭自便，宽裕者尽可选鸡鸭鱼肉，节俭者亦可只选菜蔬，米线则以斤两计价。建水有好陶器，陶碗厚实保温，吃的时候，将肉菜尔入汤中，再下米线。汤浓菜鲜，米线等于涮食，特别鲜香。于是李家米线店顾客盈门。小馆在桥头，要吃米线，过桥便是，过桥米线由此得名，此为信史。

明清两代，建水是临安府城，也就是滇南首府。长期以来，都是云南省最富裕的地方。但是到过桥米线诞生时，建水的光芒已经被另外两个地方掩盖——个旧和蒙自因锡矿开采，人流与财富流暴增，一时成为云南省最富有的地方。餐饮业的繁荣是要靠财富支撑的，蒙自、个旧与建水的此消彼长便成自然。个旧和蒙自是双子城，个旧是矿区，是砂丁集中的地方，蒙自是商业区，是矿主富商集居的地方，过桥米线传到蒙自，李马田节俭为本的初衷便被改写。过桥米线在建水时，所氽的肉菜不过就是肉片、鱼片、豌豆尖、韭菜之类，居住在蒙自的矿主富商，不改吃法，却改了内容，鸡、鱼、鸟蛋、火腿，乃至干贝、燕窝，都是配菜，即便是菜蔬，也讲求档次，不止有韭菜、豌豆尖，笋片、菌子、草芽都成了氽的对象。慢慢地，蒙自的过桥米线风头盖过了建水。到 20 世纪 20 年代，过桥米线传进昆明，过桥米线的名号已经完全被蒙自占有，人们说起过桥米线，一律加上蒙自二字：蒙自过桥米线。

　　无论是传说，还是信史，都要有底层铺垫作为基础。秀才读书，高中榜首的故事，如果拿到历史上一个进士都没出现过的地方，难免底气不足，但是在滇南，却人自认之。明清两代，临安府州学、府学、书院繁盛，是公认的全滇治学中心，文风之盛，远高于昆明。开科取士，云南一榜，临安举人常占全省一半，被称为"临半榜"。云南历史上唯一一名状元袁嘉谷，也出自临安府的石屏县。秀才苦读，娘子送饭的故事便有了相当的可信度。而过桥米线由节俭小食向精致化、经典化名食名馔的过渡，完成于蒙自，光大于昆明，也有其厚实的历史铺垫。

　　云南地处西南边陲，山脉纵横，少有平原，但矿山众多。历史上，哪处矿山兴旺，则成一方财富中心。

汉唐时期，昭通银矿闻名于世，昭通古名朱提（朱提古音"shū shì"，勿读作"zhū tí"），朱提银左右中国货币千年，名满华夏。唐代名士韩愈因"我有双饮盏，其银出朱提"而自喜。此时云南最富裕的地区是滇东北。明清时期，东川府所在的会泽成为朝廷铸币铜料的主要来源，到清中期，几成唯一。额定滇铜运京，每年九千六百万两，占当时朝廷铸币用铜的八成之多，云南的财富中心转移到滇东地区。会泽城里各省会馆遍布，食肆云集，是云南闻名的美食中心。清末，铜矿萎缩，以个旧为中心的锡业开发兴起，矿业人口短时间聚集有十万以上。光绪年间，滇锡出口收益占云南财政的三成左右，滇南一举替代滇东，成为云南新的财富中心。有了财富支撑，滇南不但成为滇菜新的演进中心，也成为各色小吃精致化的中心。任何菜系与小吃体系经典化的完成，依赖的都是社会财富的支撑，过桥米线从生发到精致化的过程，就是典型的例证。

过桥米线生于滇南，却光大于昆明，是偶然中的必然。昆明在元代即

取代大理成为云南首府。但是长期以来，昆明作为云南省的政治中心，却始终不是文化中心和经济中心。直到清末，云南省公认的文化中心，仍是以建水为中心的临安府，而经济中心始终随矿业财富的流转而游移于滇西、滇东、滇南。由于没有工业、矿业人口支撑，昆明商业经济发展一直较为缓慢。直到清末滇越铁路通车，云南省的经济中心才转移到昆明。作为铁路起点和商品集散地，昆明方成为与临安府并列的两大商业中心之一。辛亥革命之后，云南历经"重九"起义和护国、靖国战役，威震中国。军事、政治的活跃使省城昆明知名度陡升，商业活动日益兴旺。到抗战初期，作为大后方的昆明，短时间内人口剧增与财富流暴增，高消费人群扩大，促进了商业和饮食业总体水平的提升。不但高档餐厅的宴会档次提高，而且普通饭肆的菜肴菜品也开始精致化，出现了一大批经典小吃，过桥米线正是其中之一。

过桥米线进昆明，是在 20 世纪 20 年代。一位个旧人到昆明开馆子，做的就是过桥米线，刚开始，这个馆子并不景气，昆明人还是喜爱自己当家的小锅米线。过桥米线大放光彩，得益于 20 世纪 30—40 年代大批战时移民的到来。过去，昆明人的饮食习惯是一日吃两顿饭，不吃早点，米线是作正餐吃的。这些新移民来到昆明，把他们的饮食习惯也一同带进昆明。这些人一天是吃三顿饭的，早上要吃早茶，扬州早茶、广东早茶。扬州人开的饭店、广东人开的饭店应运而生，最有名的是广东人开的冠生园。早茶，下江人吃，昆明人也学着吃。但广东的一盅两件、扬州的大煮干丝毕竟不是云南味道，昆明有个经营过桥米线的馆子德鑫园，老板灵机一动，也开始经营早茶，但是推出来的却是米线——过桥米线。结果这个纯粹云南式的早点一开，马上吸引了大批食客，西南联大的教授和学生、美国飞虎队的军官、赶马帮的马哥头、社会名流、士绅富商乃至馋了想吃一碗德鑫园米线的小市民，都涌入这个米线店，一时间过桥米线成了昆明米线新秀。

食客入店，大碗鸡汤端上，鸡片、鱼片、腰片、脊肉片、火腿片、玉兰片、豌豆尖、豆腐皮、烫韭菜一一摆开，再来一大盅昆明的玫瑰老卤酒，烫肉烫菜烫米线，抿着老卤，把这顿过桥早点吃进肚里。抗战胜利后，这些战时移民返回故里，过桥米线的鲜美与精致也随着这些人的口碑不胫而走，过桥米线由此名扬四海，成了云南美食的一张名片。到20世纪80年代，过桥米线又迎来了走出去的高潮，过桥米线落籍全国各地，云南过桥米线的招牌出现在东南西北大小城市，远在黑龙江的哈尔滨抑或新疆的乌鲁木齐，要吃一碗过桥米线，也不是难事。滇风滇味走出云南，打头阵的，正是这碗人人耳熟能详的过桥米线。

过桥米线是一款汆烫结合的美食，最大的特点是食法精致，赏心悦目；选材丰富，风格清雅；丰俭自便，繁简皆宜。过桥米线的"魂"是那碗汤，底气却来自那个碗：过桥米线讲求的是宽汤大碗、滚汤烫碗、荤汤厚碗。无论鸡汤、羊汤、骨汤、牛肉汤，皆漂满油脂，味道醇厚，滚开的荤汤。宽汤须大碗，碗须是厚碗，厚碗利保温，宽汤则多汆多烫而温度不失。在蒙自吃米线，专有一口锅，终日滚水沸腾，蒸的不是食物，却是一个个大碗，烫碗滚汤，汆烫的米线配菜方能激发出最鲜嫩滑爽的美感。而各色配菜，无论荤素，皆切得薄如蝉翼，入汤即熟，配菜入汤，更增一份鲜香，此时吃米线，就不只是简单地吃，而是品味，更是欣赏。

过桥米线食材丰富，汤亦然，并非只有鸡汤方为正宗，牛肉汤、羊肉汤、鸭汤、排骨汤、猪脚汤、火腿汤均可。说丰俭自便，是配菜可丰可俭，丰盛者七碟八盘，鲍翅参燕、奇笋珍菌，尽可罗列。俭省者，些许肉片鱼片火腿片、一碟韭菜豌豆尖，少许酸腌菜，几片豆腐皮，一枚鹌鹑蛋，足矣。更简洁者，原汤配原食，鸡汤者配鸡片，牛肉汤者配牛肉，羊肉汤者配羊肉，火腿汤者配火腿片，再加若干菜蔬，亦是无上美味。即此，过桥米线既可登华庭筵席，亦可为街头小吃，"食品中的尤物"，然也。

云南是鲜花的世界，鲜花入馔，并不稀奇，但其美无有出过桥米线之上者。大碗宽汤，洁白米线，黄艳的菊花瓣漂浮其上，清气悠悠，香味袅袅，怎一个美字了得！即便是最俭省的一碗米线，有了这灿然黄花，也立显一股富贵之气，成为养眼养心的美食美馔，说过桥米线本身就是一首雅致的诗歌，不为过吧？

远方的客人，到云南来吧，你一定会感受到这首诗最美妙的韵味，把心贴紧这片姿容妙曼、诗韵悠远的土地。

米线
——云南的美食名片

中国各地，都有自己的当家小吃。一款小吃，就是一个地方的美食名片。兰州拉面、西安羊肉泡馍、柳州螺蛳粉、武汉热干面、开封灌汤包，都名满华夏。说起云南，无论到没到过云南的人，第一个想到的，必然是云南米线。

请注意，是云南米线。不是昆明米线，也不是玉溪米线、大理米线。在云南，米线不分地域，无处不在，米线是云南各地方共有的美食名片。还请注意，是云南米线，不是汉族米线，也不是清真米线、傣家米线。在云南，米线不分民族，无处不在，米线是云南各民族共有的美食名片。因此，在云南说米线，前置词就多，蒙自过桥米线、昆明小锅米线、大理炝肉米线、玉溪鳝鱼米线、壮家酸汤米线、清真羊汤米线、傣味撒苤米线……在全国各个小吃品类中，云南米线的丰富程度，无可比肩。

云南米线，有未经发酵制成的干浆米线，有发酵过后制成的酸浆米线，米线的做法更是丰富多彩，可煮、可汆、可烫、可炒、可卤、可拌，都能烹出新奇。不同米线，有不同配伍，鸡鸭鱼、猪牛羊、菌笋豆、花果菜，均可与米线共襄美味。不同米线有不同味道，咸鲜、咸酸、酸辣、甜辣、苦辣，味道随地方食俗、民族食俗，百味百变，皆成一方美食。一款小吃，演化出如此多的做法、吃法、口味，在中国，大约只有一个云南米线。

在云南，各地方，各民族，都有自己的当家米线，在多民族聚居的地方，甚至不止一种。在玉溪，能够称得上玉溪名米线的，就有鳝鱼米线、三鲜米线、牛肉米线、焖肉米线、肘子米线、臭豆腐米线、杂酱米线、小锅米线、凉米线十多种。到德宏州，可以品尝到傣族的柠檬撒米线、景颇族的臭豆豉米线、阿昌族的过手米线、白族的火烧肉米线、佤族的手抓米线、汉族的土鸡米线。在昭通，有一种说法，没吃过十八种昭通米线的，不是一个合格的昭通"吃货"。如果把各地各民族的当家米线都摆出来，大约百种不止，真可以用洋洋大观来形容。

米线与华南地区广泛流行的米粉有着深厚的亲缘关系。但自米线出现在云南，便开始在各地各民族中广泛传播，不同民族在接受米线这个食物的同时，就开始结合本民族饮食习俗，创制出多种多样的口味和烹调方式。而各民族食俗的交融，更使米线的品类愈加丰富。小小一碗米线，承载着几百年汉民族和云南各少数民族食俗相互借鉴和交融的历史。如此，在云南吃米线，可不止是品尝其味道，也是品味历史呢。

　　到云南了，到各地游览，自然要寻味各地美食美馔，可别忘了，一定要尝尝各地的当家米线，那可是一个美好的经历噢。东西南北中，米线百花园，咱们就一个地方一个地方品尝品味吧。

目录

小锅米线
——昆明人的美食情结

云南各地都有自己的当家米线，昆明人的当家米线是小锅米线。

小锅米线，自然是用小锅煮成，一锅一碗。小锅米线与大锅米线的区别，关键在于一个"煮"字。大锅米线是不煮的，用的方法是"烫"。米线团入漏勺，在大锅沸水里烫，米线烫热倒入碗中，浇上汤料，汤料多种多样，

在昆明，一般是猪筒子骨煮成的高汤，讲究的，加几块火腿骨或鸡架子，之后加上"帽子"（也叫"罩帽"）。

罩帽决定米线的名字，焖肉做罩帽的，叫焖肉米线；肉酱做罩帽的，叫肉酱米线；等等。这便是大锅米线。

大锅米线罩帽不同，名称不同，小锅米线是否也如此？可不是。小锅米线没有罩帽，而是配菜味料一锅煮，味道深入米线，那种香气，格外浓郁，昆明人痴迷的，就是这份浓郁之香。

小锅米线的锅小，一锅一碗。正宗小锅，不是铁锅，不是砂锅，是小铜锅，锅把朝上。为什么锅把朝上，因为煮小锅米线用的是炭火，火旺，小铜锅压在火上，火

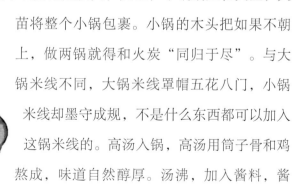

苗将整个小锅包裹。小锅的木头把如果不朝上，做两锅就得和火炭"同归于尽"。与大锅米线不同，大锅米线罩帽五花八门，小锅米线却墨守成规，不是什么东西都可以加入这锅米线的。高汤入锅，高汤用筒子骨和鸡熬成，味道自然醇厚。汤沸，加入酱料，酱

料一般用昭通酱炒成，也有用昆明本地产的汤池老酱、七甸老酱的。云南的酱，与北方的酱很难类比。因为在云南，无论哪种酱，包含的可不止是豆酱，而是多味调料的混合体。酱就诸味聚汇了，炒成的酱料，再加入香料，便成了各个店的秘制酱料。米线的鲜与香，酱的功劳占一半。酱下锅之后，再下米线。再沸，下酸腌菜、豌豆尖、韭菜，有的要加少许番茄碎，这之后，加入甜酱油、咸酱油，最后是鲜肉末，在昆明，不叫肉末，叫末肉。末肉刚变色，正嫩时，起锅，米线入碗。此时再加入一勺油辣椒，喜欢薄荷味道的，加入嫩薄荷尖。汤醇，肉嫩，米线滑爽，酸甜咸鲜辣，五味俱全，怎一个美字了得！

吃小锅米线，食客往往等在厨师之旁，哪怕隔着灶台。看厨师煮小锅米线，如同看艺术表演，一排小铜锅，个个锅把朝上，锅中红白黄粉，高汤翻滚，煞是有趣。吃小锅米线，就是要

趁着刚出锅的烫，感受米线的滑而韧、柔而筋的口感和被热气烘托出来的那股不可名状的香气。昆明人喜爱小锅米线，大约与此有关。小锅米线虽然有一定之规，但每个馆子都有自己的特点，譬如末肉，有的厨师在汤沸后先入锅，意在让高汤更带些肉香，但米线煮成，末肉多少有些发硬。也有以蚝油代替酱料，甚至省却酱料只用酱油的，都已经脱离小锅米线的规矩，属于"离经叛道"。所以，即便到昆明，吃小锅米线，也要寻名气稍大的馆子为好。

过去，小锅米线只用酸浆米线，近些年为迎合外地和一些新青年，也有用干浆米线的。为何特意指出是酸浆米线？因为云南米线从制作方法上分，有两种：干浆米线与酸浆米线。二者共同的特点是用的米须为籼米，重要的区别在于发酵与不发酵。传统的干浆米线是将大米磨浆，澄出水，做成块，在木榨上榨成条状，熟后即成。现在已经改用机器，直接将米磨粉，现磨现榨，一次成型。干浆米线的好处是未经过发酵，存放时间较长，而且可以晒成干米线，随吃随泡发。不足之处是柔韧度差，少了发酵的酸，也少了些米线的香味和弹性。酸浆米线的米，是要先浸泡发酵才开始磨浆，其后还历经澄、蒸、榨、煮、漂等程序，做出来的米线口感微酸，筋道柔韧，米香突出。缺点是不耐储存，不但不能隔日，连隔时辰都影响口感，越新鲜越好。也正因如此，挑剔的昆明人才对酸浆米线情有独钟。

小锅米线是昆明人的心爱，但根却不在昆明，而在玉溪。民国初年，在重九起义、护国运动之后，昆明在国内名声鹊起，随着政治地位的提高，经济也逐渐活跃。最典型的标志，是昆明出现了第一条美食街，这在当时的中国内地也不多见。这条美食街，就是"玉溪街"。何以叫玉溪街？因为筹划这条街、建设这条街、经营这条街的，多是  玉溪人。有了这条玉溪街，云南各地小吃开始往昆明集中，煮品、卤菜、面点乃至滇菜小馆遍布这条街。破酥包子、大酥牛肉面、蒸糕、甜白酒汤圆、烧豆腐、凉鸡、蒸排骨、蒸鸡、玉米粑粑等，布满街头。仅米线，就有辣鸡米线、叶子米线、鳝鱼米线等，这里面，就包含了来自玉溪的小锅米线。诸多米线中，最受昆明人喜爱

的，便是这个"小锅"。最终众口铄金，风头压倒了其老家玉溪，小锅米线成了昆明米线的头牌，也成了昆明美食的一张名片。从20世纪

初到现在，百年过去，昆明人对这个小锅不离不弃，这份情结，真是难能可贵。

小锅米线，不一定就当早点，正餐可，夜宵亦可。想了解昆明人的日常生活和口味倾向，吃一碗小锅米线，品品那鲜甜带辣、醇香舒爽的感觉，大概就能体会到一半。昆明人吃米线不叫"吃"，叫"甩"。吃饭打招呼："吃哪样？""甩碗米线去（"去"昆明话读作'kè'）"。八成，是去吃小锅米线了。

清真美味
——大酥牛肉米线

在昆明吃米线，还有一味，不能不尝，就是大酥牛肉米线。

大酥牛肉米线是大锅米线，大酥牛肉就是米线的帽子，不过这个帽子比一般米线的帽子大得多。如是家庭烹饪，有时候能达到半碗米线半碗帽子的地步，那吃起来真是过瘾。酥字，在这里当松软、粑糯讲，牛肉烧到软而不烂，糯而不散，则为大酥。大酥牛肉既然是帽子，

那和大酥牛肉相配的，就不止是米线，作面条帽子，就
是大酥牛肉面，作饵丝帽子，就是大酥牛肉饵丝。可见，
大酥牛肉才是这几款美食的主角。

大酥牛肉米线是清真小吃，具体说，
是带有浓郁昆明风格的清真小吃，但这款
小吃从诞生起，就成为全民美食，
从食客的角度讲，不分人群，不分民
族，是各民族共享共爱的昆明美食。

大酥牛肉米线的味道特征是什么？鲜甜微辣，醇厚
回甘。这个味道，得之于大酥牛肉。大酥牛肉取法红烧，
多用牛腩，诸料调和，微火慢煨，直至粑软。煨成的牛
肉色泽红亮，浓香扑鼻，此为大酥。米线入碗，浇上一
大勺牛骨熬成的高汤，舀一勺切碎的酸腌菜，加上葱花、
芫荽、薄荷、烫韭菜，大勺牛肉盖上。一大碗香气逼人
的大酥牛肉米线端到面前，喜辣者可以另加油辣椒、胡
辣椒、鲜小米辣，想要在醇厚中增
添一点清凉，还可以加点儿薄荷。
牛肉几乎到了入口即化的地步，米

线简直不用嚼，直接滑进喉咙，那种香气，从口腔到鼻腔，再直冲脑门，萦回环绕，回味无穷，太幸福了！

并不是所有炖得松软、粑糯的牛肉都可以叫大酥牛肉，昆明人的大酥牛肉，包含着浓浓的昆明味道。主味两个字：鲜甜。这个味道里，包含了几种昆明人离不开的调料：草果、八角、茴香、陈皮、花椒、干椒、山奈、冰糖、老酱，更关键的，是甜、咸酱油。鲜甜微辣，醇厚回甘的味道，正是由它们共同成就的。

大酥牛肉米线五味俱全，别的味道可以不表，唯独这个甜却是极其特殊的。因为造就这个迷人之甜的，不是白糖冰糖红糖饴糖，却是甜酱油。在云南，出甜酱油的地方，只有昆明和玉溪。很多人很奇怪，酱油也有甜的？有"老广"来解释：有啊，广东就有甜酱油。可惜不是一码事。广东甜酱油，是用咸酱油加糖熬成的，拿到云南，就是"水货"。昆明的甜酱油那

可是酿造出来的。酿甜酱油，除了酱醅、曲、盐，最主要的用料是红糖和饴糖。红糖和饴糖的量，甚至多于酱醅，这个酱油，从根上就是一个甜。酿造完成，酱油出缸，汁液浓稠，色泽红亮，酱香浓郁，甜味绵柔，这才是正宗的昆明甜酱油。大酥牛肉的香美，很大程度上靠的就是这点酱香之甜，没有甜酱油，缺了那点酱香之甜，就不成其为昆明味道，也就不成其为大酥牛肉。吃大酥

牛肉米线，醇厚中徐徐浸染口腔的鲜甜味道，那可是一绝啊！

　　大酥牛肉米线是清真小吃，但是大酥牛肉面的味型却是典型的滇味。不说米线吧，就说大酥牛肉米线的兄弟大酥牛肉面。都是牛肉面，都是清真味道，但是云南的大酥牛肉面与兰州拉面和西安的清真牛肉面摆在一起，主料都是牛肉，味型却大相径庭。有谁在兰州拉面里加一勺糖，大概是永远卖不出去的，这是什么怪味道？如果谁在西安清真牛肉面里加点薄荷，大概在陕西都要成为奇谈。因此，虽然都是清真小吃，云南的大酥牛肉米线绝对是独树一帜。

说起来，话可就长了。小小一款吃食，可以引申出云南的一段历史，而且隐藏着云南各民族食俗相互吸收、相互浸染的历史密码。

云南历来都是一个多民族生存繁  衍的地方。最初的居民，多为百越民族和百濮民族，也就是现在操汉藏语系壮侗语的壮族、傣族、水族，操南亚语系孟高棉语的佤族、布朗族、德昂族的祖先。从先秦时期开始，很多原先居住在青海、甘肃一带的氐羌民族沿着横断山高山峡谷形成的南北通道逐渐南下，形成了一条北方民族向南迁徙的走廊，现代学者称之为"藏彝走廊"。这些南下的氐羌民族，在云南又形成了众多汉藏语系藏缅语民族，包括彝族、白族、哈尼族、纳西族、拉祜族、傈僳族、景颇族、藏族等。战国时期，东南的楚人和西北的秦人，都曾将触角伸入云南。楚国大将庄蹻率领部队进入滇池一带，因被秦人阻断后路，在滇池一带落籍，与当地民族通婚混血，形成新的民族——滇人，而且建立了国家——滇国。秦人通过在滇东北修筑五尺道，进入滇东一带。从秦汉到两

晋，不少汉人从此入滇，后来也如先来的楚人，逐渐融汇在当地民族之中。简言之，唐宋之前，无论楚人、秦人还是汉人，进入云南后，都化入云南的土著民族之中，中原王朝视之为蛮，他们自己也承认自己是蛮——爨蛮。但是，这种历史状态，在元、明两朝发生了巨大改变。来自北方的成规模、成建制移民，在这两个阶段，先后来到这片土地，并且扎下根来，由此形成了云南新的民族分布和民族格局。第一个变化，是随蒙元大军进入的蒙古族和西亚、中亚回族落地云南，驻守云南，成为云南新的土著民族。第二个变化，是明代进入云南的明朝大军，这一波带来的移民数量更大，以汉族为主体，到明代中期，汉族成为云南人口最多的民族。这两波移民对于云南人食俗的影响，都具有颠覆性的影响。

从大酥牛肉面说起。先说清真饮食在云南的兴起：

南宋末年，蒙古大军已经灭了北方的金朝，准备一鼓作气，打过长江，灭南宋，统一中原。当时忽必烈的谋士们提出建议，先灭大理国，占领云南，从南面

抄南宋的后路，必有胜算。忽必烈采纳了这个意见，带领三路大军，沿藏彝走廊一路南下，攻入云南。攻入云南的三路大军，中路由忽必烈亲率，东路由抄合和也只烈率领，西路由乌良合台率领。乌良合台率领的二十万大军，组成人员有些特殊，基本都是中亚和西亚的回族，即中国历史上所说的色目人。其中包含了大量波斯语民族、阿拉伯民族和突厥语民族成分。这些加入蒙古大军的色目人，是蒙古军队消灭西辽后，攻占花刺子模、钦察、兀鲁思、阿速，先后收编而来的。大理国灭亡后，忽必烈和合抄、也只烈率领的蒙古大军先后北返，唯独留下以色目人为主体的乌良合台这一支军队。不能北返，这些回族官兵便开始了由兵到民的转变，在云南娶妻生子，成为云南多民族中一个新的群体——云南回族。

在乌良合台之后主政云南的赛典赤·瞻思丁也是花刺子模人，他带入云南的部下，基本上也都是中亚回族，这些军事移民和之后进入的流官及他们的部属落籍云南，成为新云南人，

将他们的生产方式和生活习俗带入云南。在明代汉族移民大规模进入云南之前，这些蒙古人和中亚回族的文化因子，已经深深地根植云南这片土地，这其中就包含了他们的饮食文化对云南土著民族的影响和植入。

云南大多数民族，是以稻米作为主食的。但南下云南的蒙古人和中亚回族，以麦面为主食，他们把面食传统带到了云南。馕饼传入并普及，演化为后世诸多种类的粑粑。他们带来的中亚、西域的拉面技艺，也固化在云南的饮食风俗之中。云南人吃面条的食俗，就是这些来自西域的回族最先带进来的。可以想见，当时的清真牛肉面与西北地区的清真牛肉面其源同一，在做法、口味上是没有大区别的。牛肉面进入云南，是西域回族大军的功劳。但大酥牛肉米线从大酥牛肉面中分离出来，

成为独具云南特色的清真小吃，且味型与同源的西北小吃的味型大大拉开距离，却与另一个移民大潮有关。

明初，三十万大军进入云南，出现了云南历史上规模最大的整建制移民。洪武时期就设立了二十一个卫和五个千户所。平定云南之后，又招募民户入滇，大量内地失地农民和商人进入云南，云南的汉族人口在短时间里急剧增加。进入云南的内地移民加上驻守各地的卫所官兵，总数在二百万人左右，几乎占了当时全省人口的一半。随着汉族人口的不断增加，汉族传统文化，特别是民俗文化在云南开始广泛传播。各地汉族将原籍地的食材加工工艺带入云南，火腿制作、米粉制作、酱醋制作、腌腊制作、腌渍发酵等，各种技艺在这一时期集中进入云南。汉族的很多烹饪方式，包括炒、煎、蒸、炸、焖、煸、溜、卤等，也被很多少数民族借鉴。流行于两湖两广的米粉正是在这一阶段进入云南，云南米线由此成为各民族都接受的主食之一。回族也是众多接受这一食物民族中的一个。从此，云南回族饮食中，除了有牛肉面，也有了牛肉米线。

由牛肉面转向牛肉米线，只是主粮的转变，而由西域风味的咸鲜牛肉面转向甜辣味道的大酥牛肉米线，则是味型的转变。这一转变，是云南清真餐食味型向汉族滇菜味型靠拢的一个标志。

明代进入云南的汉族移民，将原居地饮食口味、食材选择和运用、烹调方式带入云南，融汇成一个新的菜系，必然带有原居地菜系的各种特征。作为明代移民主体的江淮、江南移民，其对云南食俗的影响是最大的。而清代以来大批湖广、江西移民，其对云南食俗的涌入，对滇菜的形成灌注了新的元素，对滇菜的风格具有关键性作用。滇菜的甜辣味型，正是两波移民潮塑造而成——淮扬菜、江南菜的"甜"和湘鄂菜、赣菜的"辣"最终复合为滇菜的"甜辣"。这一典型的云南味道，不可避免地浸染着云南回族的清真菜和清真小吃。大酥牛肉米线的甜辣味道，正是在这一历史阶段形成并流传下来的。由面条转向米线，由咸鲜转向甜辣，食材的变化，味型的变化，使大酥牛肉米线成

为云南味道清真饮食的一个模板。从中可以寻觅出昆明味道大酥牛肉米线的历史密码，进而体味云南各民族食俗融合的历史脉络。

全国各地的回族饭店，绝大多数都称"清真饭店"，但昆明特殊，多称"牛菜馆"。而且云南有一个很特别的现象，牛菜馆一般只经营牛菜，少有经营羊肉菜肴的，自然，大酥牛肉是一定会有的。大多数牛菜馆都经营早点，到昆明，想吃大酥牛肉面和大酥牛肉米线，很方便，寻一家牛菜馆即可，但是一定要早上去，因为大酥牛肉米线和大酥牛肉面都是早点，约定俗成吧，可别去晚了。

叶子米线

　　叶子米线也是昆明流行的一种米线。因为帽子主料是叶子，所以称为叶子米线。在昆明，甩碗叶子米线很平常，但是对外地人来说，便成了很麻烦的事，光看名字，实在不知道这个米线到底是什么做成的。站在米线店门前苦思冥想，叶子是什么？该不会是山西人拿来腌酸菜的榆树叶子、杨树叶子吧？实在想不出，这个米线该是什么味道。

其实简单。云南人口中的叶子，不是树叶，也不是草叶，是油炸猪皮，当然，是经过烹饪的油炸猪皮。汪曾祺老先生20世纪40年代就曾在昆明吃过叶子米线。他写米线，特意对叶子做了解释："叶子即炸猪皮。这东西有的地方叫响皮，很多地方叫假鱼肚，叫作叶子，似只有云南一省。"

用炸猪皮做罩帽，按一般想法，似嫌寡淡，但是昆明做米线罩帽的叶子，是经过黄焖的炸猪皮，已经味道十足，其味美绝不亚于焖肉、卤鸡之类。而且叶子历经油炸黄焖，嚼之韧性十足，口感极佳，叶子孔隙中饱含了酱料味道，与米线的软滑相辅相成，配上酸腌菜的酸甜脆爽，别有风味。

叶子的做法不复杂，但是真要做起来，也有讲究。剔下来的新鲜猪皮，净毛，然后煮熟，捞出后还要将附在猪皮上的剩肉刮干净，之后晾干。晾干后的猪皮切成大片，进油锅炸，炸至猪皮内气泡鼓起变厚，便成叶子。叶子干而轻飘，如要敲打，便会发出砰砰声，故也称响皮。响皮入菜，与鱼肚相似，有的地方也称假鱼肚。鲁菜、淮扬菜都有响皮入菜的传统。响皮入菜，状如鱼肚，以假乱真，不失风雅。叶子过去一般都出自专门的手艺人，现在也有专门的加工作坊。因为家庭自己做饭，为吃一碗叶子米线，剔猪皮，煮猪皮，刮猪皮，晾猪皮，炸猪皮，最后还要黄焖猪皮，没有几个人愿意费如此周折。所以想吃叶子米线，除了到米线店甩一碗，复杂一点儿的，在农贸市场买几块叶子，回家自己黄焖，作下饭下酒菜可，做一碗叶子米线也可。

吃米线，各色帽子有的是，何以如此费力，拿猪皮做这个文章？大约要从叶子的来历说起。叶子在江淮一带，是被称为假鱼肚的。何为假鱼肚？因为有真鱼肚。鱼肚，是中餐大菜中高档类别的菜肴，与鱼翅、鲜贝、鲍鱼、对虾同为海珍。鱼肚也称鱼胶，其实就是鱼鳔。不是所有的鱼都能取鱼鳔，第一，大鱼、海鱼；第二，鱼种也要挑，最好的是大黄鱼和鳗鱼。鱼鳔晒干，便是鱼肚，吃的时

候再水发回来。鱼肚几乎全部都是胶原蛋白，与其相配的食材也多为食中珍品，成菜便是高档菜肴，比如蟹黄鱼肚、火腿鱼肚、芙蓉鱼肚。鱼肚是海产，不靠海的地方，想吃鱼肚不易，于是有人便别出心裁，用油炸猪皮代替鱼肚入菜，这便是假鱼肚。猪皮蛋白中胶原蛋白含量也相当之高，不亚于真鱼肚。做成菜肴，酷似鱼肚，口感味道都不差。最擅长做假鱼肚菜肴的，是淮扬菜。江苏有位美食作家叫张振楣，他这样写假鱼肚："用油发肉皮制作的假鱼肚，是淮扬菜中的看家菜，既是大路品种，又不失档次。"汪曾祺是高邮人，高邮是吃淮扬菜的，汪家过年吃年饭，做"全家福"，食材有海参、墨鱼、蹄筋、猪肚、猪心、五花肉、玉兰片、冬菇，还有假鱼肚。

假鱼肚流行于江淮地区，何以相隔千里，也流行于云南，流行于昆明地区呢？这与云南的移民史有关。云南汉族多数是明、清两代内地移民的后代，最初的移民，都是军事移民，是打仗打过来，又守卫在这里，最终落

籍云南，成为云南人的。这群人来自四面八方，但是主力是来自江淮的军人。明初攻入云南的军人，大半来自江淮各地，平定云南之后，又移民户充实云南，来自江淮各地的百姓人数更多。有多少呢？有一本书叫《滇粹》，其中有一篇文章叫《云南世守黔宁王沐英传附后嗣十四世事略》，这样记载：云南王沐英为了稳固他在云南的统治，大量从内地移民到云南，自然，从江淮老家移来的最多。"英还滇，携江西江南人民二百五十余万入滇，给予种子、资金，区别地亩*，分别于临安、曲靖、云南、姚安、大理、鹤庆、永昌、腾冲各郡县。""又奏请湖广、江南居民八十万实滇，并请发库帑三百万两，帝允之。"沐英死后，其子沐春继任，再"移南京人三十万"入滇。这些主要来自江淮江南的移民，把他们老家的生活方式、饮食习俗，甚至土特产，通通带到云南，这其中就有假鱼肚。云南不靠海，吃点假鱼肚，也不错。

＊亩，土地面积单位，1亩≈666.67平方米，全书同。

如此，这款既大众又不失档次的食物，就从江淮来到云南，流传下来。假鱼肚名字不雅，大约是因其轻飘，云南人便以"叶子"称之。

叶子来到云南很早，但是叶子米线何时产生，却没有明确记载。有人认为，叶子米线的出现大致与过桥米线进昆明在同一时期。20 世纪 30 年代末、40年代初，是昆明小吃大爆发的时期，不但各地的小吃向昆明集聚，而且来自各沦陷区的厨师也向昆明聚集，这其中就包含了很多江淮、江浙厨师。很多带有江淮、江浙风味的菜肴和小吃正是创于这一时期。"滇菜五老"之一的崔朝成，就是这时从香港来到昆明，从淮扬菜改滇菜的。他的滇菜谱里，注入了很多淮扬菜的成分，如砂锅鱼头、干贝冬瓜球、鸡哈豆腐、八宝糯米鸡、红烧划水、菊花酿小瓜、芹酥鲫鱼、蜜汁火方、网油鸡枞、醋椒鱼等，现在都是滇菜名肴。新创的小吃，如玉溪人创制的卤饵块、昆明人创制的摩登粑粑，也都出于这一时期。淮扬菜师傅，将他们拿手的假鱼肚黄焖，与米线

相结合，成就一款风味小吃，是极有可能的。很可惜，叶子米线出自昆明，第一次记载叶子米线的，却是高邮人汪曾祺，而且他也不知道这个叶子米线何时而生，何人为先。

叶子米线可以单独以叶子做帽，也可以和肉酱、鳝鱼之类共同做帽，但是有一样东西必不可缺——酸腌菜，当然最好是水腌菜，这可是当家的云南味道之一。做叶子米线的传统是用酸浆米线，现在也有用干浆米线的，但口感稍差。外地朋友到昆明，想尝尝叶子米线，如果问："要粗米线还是细米线？"一定要说粗米线。酸浆米线条形粗，干浆米线条形细，外地朋友搞不清楚酸浆与干浆的区别，多用粗细来区分，粗者，酸浆也，软滑筋道，更能衬出叶子之美。来甩一碗吧！

豆花米线
昆明一绝

　　到昆明吃米线，还有一个不能落下，豆花米线。在昆明人眼里，豆花米线的分量很重。很多外地客人到昆明，主人请吃早点，如果第一天吃过小锅米线，第二天往往是豆花米线。因为在昆明人看来，这款米线食材优雅，口味清雅，最能体现米线的雅致情趣。请客人吃一次豆花米线，很高雅。

　　豆花米线，主角除了米线，当然是豆花。但是这个豆花，与四川、贵州的豆花却完全不是一码事儿。川黔的豆花，是介于豆腐脑与豆腐之间的一个品类，比豆腐脑紧实，比豆腐松软。所以在四川、贵州吃豆花，豆花是下饭菜。一般都是一碗豆花，一碟蘸料，一碗米饭。筷子夹起豆花，在蘸碟里蘸一蘸，送入口中，就着米饭吃下。这个豆花是可以用筷子夹着食用的。所以在川黔，很多小饭店的经济套餐便是豆花饭。昆明的豆花，很惭愧，远没有川黔豆花那么挺实，说穿了，其实就是豆腐脑，筷子是夹不起来的。即便在米线碗里看似一整块的豆花，筷子一碰，便碎成无数小块，只能拌着米线一起送入口中。有四川人在昆明吃豆花米线，刚吃一口，便敲着碗边取笑，啥子嘛，啥子嘛，啥子豆花哟。所以昆明人有自知之明，虽然米线叫豆花米线，但如果单指豆花，则另有名字——水豆腐。

虽然是"冒名顶替"的豆花，但是豆花米线做起来、吃起来，是相当讲究的。第一，豆花米线所用的米线，一定是酸浆米线，酸浆米线的软滑和豆花的软嫩，最为般配。第二，因为豆花一触即碎，所以豆花相对用量大，少了，拌开后就找不到豆花了。如果把豆花也叫做罩帽的话，这个罩帽的量要比一般的罩帽至少要多三四倍。第三，豆花口感甚好，口味却清淡，所以调味料便格外讲究，用得也更重。有几样是必不可少的，少一样，都是对昆明豆花米线的不尊重。咸、甜酱油不可少，尤其是甜酱油，喜甜者还要多用。有的米线店，除了甜、咸酱油，还要用少许老酱调味，但不必需。姜汁、蒜汁不可少。这一点，与凉米线相类似。为豆花增香的，是花生碎和白芝麻两"兄弟"，豆花米线的咀嚼之香，与这两"兄弟"的参与有极大关系。豆花与米线，都是白白的，加一点绿色，烫韭菜。而且必须是烫韭菜，别的绿叶菜是进不了这个豆花米线碗的，要的，是韭菜那点特殊的味道和稍微柔韧的口感。如果还要增点颜色和口感，就只能是胡萝卜丝了。为米线和豆花增味，更重

要的是酸腌菜末，水腌菜可，干腌菜也可。如果不想吃酸，用冬菜亦可。米线、豆花入口，体现的是滑嫩，同时入口的腌菜末，可就耐嚼且味道十足，对于豆花米线的口感至为重要。

豆花米线有荤素之分。素豆花米线，以上所说即然。诸味调料置于碗底，米线烫好，置于碗中，豆花事先在沸水中焯过，舀一大勺盖在米线之上，拌开食用即可。荤豆花米线，就是在素豆花米线碗底，多加一勺肉酱而已。牛肉酱可以，猪肉酱也可以，肉一般用五花肉，肥瘦兼有，吃着更香。云南人的基础口味是甜辣合一，无论荤素米线，调味皆少不了油辣椒，但一般米线店在入碗时都先问一声，给（昆明话读作 gě）要辣椒？这句话很贴心，特别是对于北方和东南地方不善辣的客人尤为重要。但是，吃豆花米线，没有了那点油辣椒，似不完美，即便不善辣，少放一点，尝尝味道总是可以的。特别是豆花米线拌开以后，米线豆花白生生，韭菜绿莹莹，胡萝卜丝黄艳艳，油辣椒红彤彤，不用吃，看着就开心。吃到最后，米线

尽,但还有半碗豆花与花生碎、白芝麻、甜咸酱油在碗底,可别扔下不管,这才是豆花米线最精彩的章节,端起碗来,大口吃下。吃完了,您就有了更深的体会,以后再品云南菜,就能分辨出哪个是昆明味道了。

豆花米线其实是水豆腐米线,但是水豆腐米线听起来别扭,借用豆花二字本无他意。就如同成都菜夫妻肺片,心舌肚肉皆有,偏偏肺片无踪,却还是挺着胸脯叫肺片,云南人从不取笑。还有,千万别误会,以为昆明的豆花是水豆腐,全云南的豆花也都是水豆腐。云南也有与川黔一样一样的豆花,如若不信,请到昭通看看便知。

云南人的饮食口味,各地方多少有些不同,原因有多方面,但是有两个是最主要的。一个是不同民族有不同的食俗和口味特点,如傣族的酸、撒、黏,如哈尼族的生、腊、旺。一个是不同地理位置,受不同邻居的影响。近四川者多有川风,近贵州者多染黔俗。贵州是酸汤世界,靠近贵州的富源就流行酸汤猪脚。昭通是夹在四川和贵州之间的一个地方,川风黔俗更为浓烈,豆花

即为其一。在昭通吃豆花，无论在盐津、在昭阳、在水富、在绥江，皆与四川无异，豆花饭也流行于这些地方。不同的是，豆花的蘸碟，四川人多用豆瓣，昭通人多用昭通酱。说来多少还是有些不同。

昆明人，特别是昆明上了年纪的人，对豆花米线有一种特殊的情感，昆明大观篆新农贸市场里面有一家专门经营豆花米线的小排档，门面小得可怜，但是天天有大堆人排队吃米线，上不了桌子，蹲在地上也要吃。笔者也蹲在地上吃过一碗，说实话，太好吃了。

卤米线与炒米线

米线一般都是汤做，无论大锅米线还是小锅米线，取味皆在汤中，而且追求宽汤，吃来清爽。但也有干做的，在昆明流行的卤米线、炒米线皆属此类。因为无汤，各色味料都依附在米线上，吃起来味道更浓郁。还有一个更重要的原因，米线干做，易饱腹，尤得很多体力消耗大的食客钟意。

卤米线的做法大致如是：将肥瘦肉切丁，加入酱料和各色味料先炒后煨，煨至汤尽，此为肉帽。米线烫好，加入碗中，浇上肉帽，放入韭菜段、香菜末、香葱丁、酸腌菜段、花生碎，加入盐、甜酱油，拌开便成。因为无汤，肉帽干烧而来，也称之为干烧米线，汪曾祺先生当年就吃过这个干烧米线。

由此可见，卤米线其实与卤字不甚沾边，在昆明，米线、饵块言及的"卤"，从字意上看，与东北人打卤面的"卤"有点相似，从烹饪方式的角度看，又与北京卤煮火烧的"卤"有点相通。但米线既不是"卤"成的，肉帽也不是"卤"成的，何以叫卤米线？有原因——卤米线是由卤饵块衍生出来的。卤饵块出现以后，有人将卤饵块之法移植到米线，虽然烹饪方法不同，但还是借用了卤饵块的"卤"，卤米线由此得名。

说这个"卤"是由饵块为先，继而延伸到米线，是有来历的。云南的饵块、米线尽管历史悠久，但一直都是汤做，干做饵块、米线，是在民国时期才出现的。卤饵块是由玉溪人创出的一款小吃。据说民国初年，一位玉溪厨师到昆明开了一家小吃店，专卖小锅饵丝。有一天饵丝下锅，转身又去忙别的事，到铜锅中高汤快耗尽时才赶过来，把小铜锅从火上撤下，客人催得急，虽然汤尽，也只好淋点红油，翻炒一下，便端上桌。没想到客人吃后大为赞扬。这个玉溪师傅听了高兴，又照样做了一碗自己尝尝，自觉比小锅饵丝味道更醇厚，香味更足，大喜，此后干脆就卖起这个不用汤的饵块，由此开创了一款出自昆明的新小吃。

这是一个故事，真实与否不知道，因为卤饵块做法是有一套严格规范的，并非如故事所言，汤尽即可。必用小铜锅，不用素油，要用猪油炝锅，以取其香。油沸，下饵块翻炒，之后加入高汤，再将水腌菜、鲜末肉放入，加咸酱油、甜酱油翻炒。这时虽然已经五味俱全，

但不出锅，仍以碗覆盖饵块之上，不断掀碗翻炒，待高汤接近收干，将碗掀去，加入盐、豌豆尖、甜脆豌豆，淋上辣椒油，最后翻炒一遍出锅。此时汤已接近耗尽，呈黏稠状，嗅之香气浓烈。这个过程，如果用北京人的话说，就是一个卤煮过程。这个饵块，便叫了"卤饵块"。

饵块可卤，米线是否也可卤？如果以卤饵块这样去卤米线，却是万万不可的。因为饵块紧实，米线糯软，如果以此法去卤米线，那最后出锅的一定是一锅米糊。但是既然卤米线如此引人喜爱，米线也不妨一试。最终出现了口味略似卤饵块的卤米线。自然，是没有卤煮过程的卤米线，类似干拌米线。

卤米线虽然无汤，但是米线滑爽的特性不变，更为吸引人的，是卤米线更为醇厚的味道和更筋道的口感。汪曾祺曾在昆明吃过卤米线，他的感受是，卤米线"味道极其强烈浓厚，'叫水'"。所以，吃卤米线，一般店里都会配一小碗飘着青葱丁的高汤，米线吃完，喝口高汤，满口

清爽。汪曾祺先生吃卤米线，当时大约是没有高汤奉送的，他的办法是喝茶，而且喝酽茶。"吃了这种米线得喝大量的茶——最好是沱茶。"

与卤米线一样干做的，还有炒米线。炒米线也是一款老昆明的美食，与卤米线不同的是，炒米线没有一定之规，食材选用宽泛，因此口味多样。由于简单易做，炒米线是很多昆明人家的日常食物，饭店经营的反而少，多集中在售卖快餐的地方。可别以为，多当作快餐，炒米线的档次便低了一等，即便是快餐炒米线，也有不少可称美味佳肴的，譬如腌肉炒米线、韭菜花炒米线、火腿丝炒米线。

炒米线与炒面雷同，但是米线与面条毕竟不是一样东西，所以炒米线自有炒米线的一套做法，具体到昆明炒米线，更是带了鲜明的昆明风格。首先是必备肉酱、甜酱油、咸酱油和酸腌菜，而且最好是用新平的水腌菜，嫩而味道足。这是昆明炒米线的基础味道，其他配菜，各取所需，各取所爱，不拘一格。

如果给昆明炒米线拉一张菜单，大约一页纸是不够的，不过常吃的，大约有这些种类：鸡蛋炒米线、末肉炒米线、火腿小瓜炒米线、青椒肉丝炒米线、泡椒白菜炒米线、洋葱西红柿炒米线、白菜肉丝炒米线、豆芽肉丝炒米线、肉酱韭菜炒米线、木耳青菜肉丝炒米线、青椒牛肉丝炒米线、小米辣腌肉炒米线，等等。笔者认为，炒米线中最值得一提的，是韭菜花炒米线。外地朋友如果想尝尝昆明炒米线的味道，这款炒米线最值得一尝。

云南的韭菜花，与北方的韭菜花完全不是一种东西。北方的韭菜花，是开了花的，云南的韭菜花，却是含苞待放状，而且，说是韭菜花，主角却是苤蓝丝或萝卜丝，与含苞待放的韭菜花腌在一起。最主要的是味道不同，北方的韭菜花，只用一种调料：盐，只有一个味：咸。云南的韭菜花却是甜大于咸，讲求五味调和。

用于腌制韭菜花的调料，除了盐，最主要的就是红糖和白酒，辣椒粉用得虽少，但是不会缺席。北方的韭菜花，腌成后还要磨碎成泥状。云南的韭菜花腌成，韭菜花颜色变深，模样不变。汪曾祺先生的形容是：很香，味道不很咸而有一股说不出来的淡淡的甜味。如果细细感知，还有一股淡淡的酒香回味。云南韭菜花中，还有一种特殊品种：干巴菌韭菜花。虽然是素咸菜，却自带了些许牛肉味道，更是一绝。用这样味道的韭菜花来炒米线，闻一闻都能感觉有一股仙气飘忽，更不用说吃了。

卤米线也罢，炒米线也罢，既然已经到了昆明，就都尝尝吧，特别是如果遇到干巴菌韭菜花炒米线，可千万别错过哟。

有猪脚米线的地方
——宜良

昆明往东，六十多千米，就到了宜良坝子。在云南，宜良自古就是农业发达的地方。宜良近滇池，贴近阳宗海，紧邻澄江、江川、华宁、晋宁一带，古代，是滇国的核心地区，历史上开发较早。楚国大将庄蹻进云南，除了军事征服，还带来了中原地区先进的生产技术。到汉朝，宜良一带已经是云南农业的核心地带。元朝，随赛典赤·瞻思丁入滇的回族人口，不少就落籍宜良。明

朝，明军又在此屯垦，引来大批江浙一带汉族百姓落户。终于使宜良变为以汉、彝、回为主体的民族格局。这三个民族都很重视水利建设，明代即开凿了引阳宗海入宜良的干渠，使宜良不少旱地改为水田。农业的富庶，使宜良的饮食业古时就很发达。到了近代，又出现了不少出自宜良的美味小吃，无论哪一个，都是一出现就很快名闻全滇，宜良因此成为远近闻名的美食之乡。

若要问宜良的美食有哪些，何以知名度如此之高，可用两句话概括：一碗米线一只鸭，一笼烧麦一壶茶。云南人，特别是昆明人，对前三样都耳熟能详，只有一壶茶可能稍微模糊些。

米线，猪脚米线；鸭，宜良烤鸭；烧麦，都督烧麦；茶，宝洪茶。

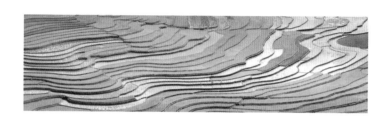

四件宝，自然先从猪脚米线说起。

昆明人钟意的，是小锅米线、豆花米线。在宜良，排第一的是猪脚米线。猪脚米线在宜良人心中的地位，从一句话可以看出："能时时吃到猪脚米线的地方叫宜良。"猪脚米线是猪脚与米线的结合，据说在宜良已有百年的历史。按时间线，出现时间大致在民国初年。猪脚米线在宜良大街小巷都可寻到，普遍得很，但是在百里之外的昆明，却难见踪影。虽有宜良人开的猪脚米线馆子，但数量寥寥。可见每款小吃，都有自己的传播历史和地域文化。昆明人想吃猪脚米线，往往在周末驱车百里，跑到宜良，甩一碗猪脚米线，顺便买两只宜良烤鸭回家解馋，或者吃完烤鸭吃米线，两不耽误。

猪脚米线之味，一靠烹制好的猪脚，二靠调制好的高汤，米线好不好吃，二者缺一不可。但是有一点不要误会，云南人所说的猪脚，和很多地方所说的猪蹄子、猪手不是一码事儿。云南人的猪脚，指的是猪肘子加猪蹄子。一如宣腿，金腿小小一个，云腿大大一坨，盖因镟下来腌制的部位不同，宜良猪脚同理。如果只是猪蹄子，是吃不出宜良猪脚米线这"气势"的。

猪脚米线好不好，自然要看猪脚做得地道不地道。宜良猪脚米线好，好就好在猪脚味道美。配米线的猪脚，先要将猪脚火烧，不是潦草地烧，毛烧尽便可，而是大大地烧，狠狠地烧，烧到猪皮中的油脂析出，猪皮发皱。刮洗干净后，再将猪皮、猪肉、猪骨三者分离。猪骨用以熬煮高汤，猪皮还要经过油炸的过程，表皮更加皱皱巴巴，之后的过程，说卤也罢，说红烧也罢，全是各位厨师的秘制之法，用什么调料，烹制多长时间，外人不知。剔出来的瘦肉和筋腱则慢火煨煮，据说常要煨十多个小时。总之，此时的猪脚，已经达到最佳口感。猪脚皮红红亮亮，香气扑鼻，猪脚筋韧而不梗，弹性十足。吃猪脚米线，一如其他大锅米线，碗底辣酱垫底，辣酱必是宜良特产——汤池

老酱。米线烫好入碗，大勺高汤浇上，芫荽末、青葱丁、

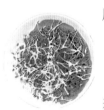腌菜末、韭菜段、绿豆芽等依次放入，浇上油辣椒，撒上胡椒粉。猪脚罩帽，有皮有肉，盖满碗面,将米线遮得严严实实。挑开吃吧，猪皮软软糯糯，筋肉颤颤巍巍，米线滑滑溜

溜，酸甜鲜辣皆备，一口米线一口猪脚一口高汤，怎一个美字了得！

到宜良，到了美食之乡，不能吃一碗米线便算完结，一定还要尝尝宜良的烤鸭、宜良的都督烧麦，品一品宜良的宝洪茶。因为这三样，也都是宜良之宝。

宜良美食，其实名气最大的是宜良烤鸭，最具传奇性的是都督烧麦，在业内最受宠爱的是宝洪茶。何以如此说？因为这几样宜良美食都有故事，而且多少都有些传奇色彩。

宜良烤鸭的出现比猪脚米线要早一些，它出现于清朝晚期。大约在光绪年间，宜良有一个名叫许实的举子，带了一个名叫刘文的跟班进京赶考。到了北京，两个人

租住在米市胡同，正临着"便宜坊"烤鸭店，所以经常到便宜坊吃饭。便宜坊的烤鸭之香，着实让这二位宜良人大开眼界。许实忙的是考试的事，刘文没事，就跑到便宜坊偷看。不长时间就把焖炉烤鸭的一套办法牢牢记住。刘文回到宜良，照葫芦画瓢，搭起炉子，干上了烤鸭行当。到民国初年，宜良烤鸭在滇中一片声名鹊起，传到昆明，惊动了当时的云南省主席龙云。他把刘文招到昆明，在省政府的宴会上献艺，把一帮军政要员一个个吃得满嘴流油。这回名声更大了，刘文不但时时被请到昆明做席，连宜良的老店也天天有从昆明、开远甚至个旧的人坐着小火车专来吃烤鸭，刘文的烤鸭店顾客盈门，天天客满。到后来，刘文没了，宜良烤鸭却愈放光彩，传承至今，成为最具特色的云南名小吃之一。

宜良烤鸭，改进了北京烤鸭的做法。便宜坊烤鸭，鸭肚子里撑的是高粱杆，刘文改用芦苇，芦苇清香，平添了烤鸭一种风味。便宜坊烤鸭，用的是柴火，宜良烤鸭改用松毛，松毛也有一种特殊香气。便宜坊烤鸭为使鸭子烤出来皮色红亮，用麦芽糖涂抹鸭坯，宜良烤鸭改用蜂蜜，烤出来的鸭子色泽更艳。最重要的，是北京烤鸭用的是填鸭，个大而肥，宜良烤鸭用的是当地的小麻鸭，个小而肉精。吃法也大有变化，北京烤鸭要片成片，蘸酱，配上葱丝或者黄瓜条，用薄饼卷了吃；宜良烤鸭个小，不片，师傅从炉子里把鸭子提出来，砍成大块，登时端到桌上。酒一倒，杯一端，宴席即时开始，食客一口鸭子一口葱，香过北京烤鸭，没有了北京烤鸭的食用规矩，畅快！

都督烧麦也联系到一个人：唐继尧。唐继尧是辛亥名将，护国战争的主要指挥者，在中国近代史上建有奇功。清末民初，宜良有一位名士叫祝可清，开了一个兴盛园饭店，经营炒菜，也经营点心，最受食

客欢迎的是烧麦。兴盛园的烧麦面皮特别，馅料讲究，除了末肉，还有鸡蛋、冬菇、冬笋、干贝，以肉皮冻调馅，

蒸出来形美馅鲜，汤汁丰美，极受食客青睐，天天顾客盈门。祝可清是个善于经营的人，他规定，每次每人只售3个。物以稀为贵，如此一来，兴盛园的烧麦名声远播。传说，有一日，一位气宇轩昂的客人来买烧麦，店小二依旧按规矩，只售3个。客人问，如若是都督来买，也只卖3个吗？小二答道，即便都督亲来，依旧只售3个。结果来的客人正是云南都督唐继尧。从此，这个烧麦便有了新名字：都督烧麦。唐继尧会否真的亲自到饭店去买几个烧麦，不知道，但是这个传说一出，兴盛园的烧麦便成了四方人士都想品尝的一款名小吃，为宜良争了光。

相比之下，宜良宝洪茶名气最小，但是在茶界备受赞誉。云南大多数茶树是大叶种，唯独宝洪茶是小叶种。业内专家认为，宝洪茶叶芽肥壮，白毫丰满，香气浓郁。炒茶的时候，香气飘溢，喝茶的时候，

香气盈室。也有缺点，产量太少，因为产地小，只集中在宝洪山一带，海拔在一千五六百米间。这也是很多人对宝洪茶陌生的原因。不过，在茶界，这个茶了不得。2011年，在日本举办的第三届世界绿茶评比大会，宝洪茶获得金奖，这可是世界范围内的茶界大奖，宜良宝洪茶何等厉害！

宜良有好景，还有好花，景是阳宗海和九乡溶洞，花是宜良花街节。每年花街节，宜良满街花团锦簇，热闹非凡。如若花街节到宜良，可就有眼福了。游完阳宗海，看完九乡溶洞，在花街深处寻一个餐馆，吃一只烤鸭，甩一碗猪脚米线，来两只都督烧麦，酒足饭饱，泡一壶宝洪茶，可真是福气满满了。

路南
骨头参米线

骨头参米线是石林县的一款美食，因为石林县原名路南县，延续习惯称呼，很多人不叫石林骨头参，仍然叫路南骨头参米线。

说骨头参米线，先得说说骨头参。因为外地朋友少有知道骨头参为何物的。

骨头参是一种咸菜，具体说，是一种用猪骨头、猪下水腌制而成的荤咸菜。荤咸菜，听起来都有些怪异，因为出了云南，难得见到，更别说吃了。不过在云南人眼里，没什么可奇怪的，喜爱骨头参的大有人在。骨头参是民族美食，但是却不是一个民族独有的美食，在云南，彝族、苗族、白族、傣族等，都有自己民族风格的骨头参。

名气最大的是彝族骨头参。有几个原因：第一是彝族人口多，分布广。第二是骨头参在彝族人日常饮食中的地位高。还有一个原因，彝族骨头参的商品化程度高，在各地骨头参里，路南骨头参最负盛名，由骨头参而延伸出来的美食品类也最多。骨头参米线，只是诸多品类中的一个。

先说说骨头参是怎么做出来的。笔者在《云南美食传奇》中曾细说过。"每年过年，彝乡很隆重的一件事是吃杀猪饭。过去的杀猪饭，多数是坨坨肉，也就是把猪肉切成拳头大小的坨坨，水煮，捞出来，打蘸水。现在的杀猪饭，就精致得多了，不只有坨坨肉，炒肉片、炒大肠、炒肝片，都是现在杀猪饭的内容。做菜剩下的骨头、碎肉，就是做骨头参的食材了。将骨头用剁刀剁成细细的碎末，碎肉也切成丁丁，加入酒、盐、姜丝、草果粉、粗辣椒粉，拌好，装入罐子里发酵，为与外界隔绝，骨头参的最上层，用猪油封住。腌成了，就是骨头参。这个腌制过程大概需要半年时间，腌成的骨头参色泽鲜红，香气雅致，可以长时间保存。很多地方的彝族老乡日常饮食离不开骨头参，不可能天天杀猪杀鸡，但是每天都有骨头参相伴，天天都能沾些荤，这日子就有滋有味。"

在彝乡，骨头参一碗，蒸熟，就是下饭小菜。羊肉汤锅、牛肉汤锅，清汤煮开，一大勺骨头参下去，汤色马上变红，香气立刻飘散，肉菜下锅，捞出来已经香味十足。

用骨头参蒸豆腐、蒸南瓜、煮洋芋、煮豌豆尖，都是令人垂涎欲滴的好菜。臭豆腐如果与骨

头参同蒸，那种香味，可以说让人荡气回肠。和骨头参相配的菜蔬更多。树头菜、野黄花、南瓜尖、洋丝瓜尖，乃至菌子木耳之类，哪个与骨头参相遇，都能成就一锅好菜。煮米线、煮饵丝，骨头参就是汤料。骨头参米线，便是骨头参和米线碰撞出来的一款美食。

骨头参米线，配菜不拘，小白菜、小米菜、韭菜、豆芽皆可，加一块臭豆腐更佳。米线不拘，干浆、酸浆皆宜。锅具不拘，铜锅、铁锅、砂锅均可。骨头参煸炒后加汤可，直接将骨头参加入汤料也可，骨头参本身味道浓郁，不必再加入其他调味料，煮开，下米线，稍炖煮，入味即可。米线吃完，汤可不要浪费，如若是陈年骨头参，那种时间酿造而成的醇香味道，淋漓尽致地融化在汤里，更是食中尤物，一定要慢慢咽下，细细品味，如此，便能牢牢记住这彝乡味道。

路南彝族，与弥勒、泸西一带的彝族属于同一个支系，自称撒尼。撒尼歌舞，在彝族中是很突出的。阿诗玛的传说，

便出自这个支系。所以，电影《阿诗玛》以石林作为外景地拍摄，石林也因为这个电影名扬四方，到现在，都是国内数一数二的旅游胜地。也许是石林的美景太过突出，来石林的人大多为观景而来，往往把同样吸引人的的美食掩盖住了。所以，笔者希望，到石林，不要一走而过，最好住下来，待几天，吃几顿路南美食，那可就不是一般的体会了。

石林美食，骨头参只是一种，值得石林人夸耀的，还有路南"柒号饿"、路南乳饼。

柒号饿是彝语撒尼方言，意为羊肉汤锅。路南盛产

黑山羊，用黑山羊做羊肉汤锅，清水煮，只加少许盐，最能体现羊肉本味，蘸水用料，都是路南特产：路南乳腐、路南薄荷，无需其他。清水锅，羊肉鲜嫩，蘸水味

浓，那种意境，是北方涮羊肉无法达到的。很多外地朋友说，吃一次想一次，吃不够。乳饼，是用黑山羊奶制作的奶酪，也叫奶豆腐。用鲜羊奶，煮沸，加入酸果汁，待其凝固，捞出，压成块状。过程与做豆腐很相像。乳饼讲究鲜，鲜乳饼，嗅之奶香飘逸，做成菜肴更能突出那股鲜香的乳味。在石林，生煎乳饼、粉蒸乳饼、乳饼炒肉丝、乳饼炒火腿丝、青蚕豆炒乳饼等，是很多饭店的当家菜肴。乳饼菜对很多外地朋友来说，是相当陌生的，正因如此，到了石林，还是尝尝吧，那真是一种不一样的体验，说不定从此会喜爱上这款民族美食。

云南的荤咸菜，是否只有一个骨头参？不然。荤咸菜在云南深受很多民族的喜爱。滇西还有一个荤咸菜——猪肝酢。最好的猪肝酢，是大理白族自治州鹤庆县的猪肝酢。猪肝酢的做法类似骨头

参，说是猪肝醡，但参与做醡的并不仅仅是猪肝，有时候猪肝甚至是次要的，更多的是肠肚和排骨。猪肝、猪肠、猪肚、排骨和肉都切成小块，冷水下锅，汆至半熟，晾干，

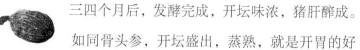

加上各色调料，如盐、八角粉、草果粉、辣椒粉、花椒粉等，用鹤庆干酒调之，搅拌均匀，装进陶坛。三四个月后，发酵完成，开坛味浓，猪肝醡成。

如同骨头参，开坛盛出，蒸熟，就是开胃的好咸菜。炒菜用猪肝醡做调料，能让素菜沾荤。猪肝醡炒洋芋片、炒豆腐，猪肝醡煮鱼、煮芋头花，都是好下饭菜。但是少有听猪肝醡煮米线的，也许有的家庭会做，但是食肆尚无见识。如此，骨头参米线便显得尤为珍贵。

玉溪美味
——鳝鱼米线

云南是米线王国，各地都有自己的当家米线，但米线品类最多、影响力最大的地方，非玉溪莫属。即便是流行于省会昆明，已经成为昆明米线品牌的几种米线，多数也出自玉溪，譬如小锅米线、卤米线。最能证明玉溪米线影响力的，是玉溪还有个米线节，每年玉溪米线节，都办得轰轰烈烈，吸引着全省各地的人，专程到玉溪吃米线，跟着凑热闹，可见玉溪米线多么有吸引力了。

　　玉溪人吃米线，花样多，论品种，大锅米线、小锅米线、砂锅米线、凉米线皆可见。论口味，牛肉米线、土鸡米线、焖肉米线、杂酱米线、三鲜米线……有几十样之多。玉溪最具代表性的是鳝鱼米线。不只在玉溪本地，在云南各地，凡是经营鳝鱼米线的，几乎都是玉溪人。

　　玉溪人吃米线，何以吃到有专门节日的程度？这就要从玉溪的历史谈起。现在，玉溪的主要居民是汉族、彝族，可是在清中期之前，白族和傣族也是玉溪的主要居民。白族是一个很有特点的民族，因为在白族形成的过程中，包含了大量的汉族成分。这个过程，始于东晋。

汉人入滇，自秦汉开始，东汉到两晋，是汉人入滇人数较多的一个时期。这一时期统治云南的爨氏，便是自称蛮夷的汉人，被称为"爨蛮"。爨蛮又分两部，东爨乌蛮，西爨白蛮。当时西爨所占的位置，正是今天昆明、玉溪、楚雄一带。因此，这些进入云南的汉人也都加入彝族和白族之中。这一过程，称为汉入彝、汉入白。元、明之前，汉入彝、白是常态。明代以后，情况变过来了，由于汉人入滇人口迅速增加，白族在昆明和玉溪地区逐渐变为少数，强大的汉文化迅速占领高地，很多彝族、白族又因为齐民编户，逐渐化入汉族，造成了元明以后，彝入汉、白入汉的趋势。

玉溪的这种民族融合，造就了玉溪的很多特点。比如玉溪方言，与昆明明显不同。再比如，玉溪的汉族，信奉白族的土主。土主崇拜，是白族独有的信仰风俗，但是广泛地流传于玉溪城乡，只不过把土主改为土地神。这个土地神，和内地统一的、形象化的土

地爷、土地奶奶不同，各个乡村都有各自的土地神，或者说各有其主，有的是佛教、道教神仙，有的是历史名人，有的就是这个村庄大姓的祖先。抬土主游乡，是典型的白族风俗，在玉溪，每逢春节，各民族都有抬土主游乡的传统。由于各村都有自己的土主，各村如果同一天出游，很容易造成混乱，甚至引起各村的冲突。于是有约定，排出顺序。这样，节日一天是不够的，全部游完，要从正月初二游到三月三，整整两个月。这两个月，天天有土主出游，游到哪个村，哪个村就要组织村民接神、唱花灯、舞龙，有的还要请戏班、唱滇剧。今天你到我村来看滇剧，明天我到你村去听花灯，如此你来我往，两个月时间，都是热闹日子。玉溪有习惯约定，哪个村子或哪个街道接土主，就是哪个地方的节日，这一天，要把出门的女儿连同女婿、外孙、外孙女都要接回来，接神看戏。吃什么呢？米线。所以正月到三月，玉溪就成了米线的天下。现在，接土主的活动没有了，可到了日子，全家团聚、吃米线的风俗却顽强地留下了。不叫接土主了，改了一个名字，叫米线节。今天，米线节成了政府组织、全民

参与的重大节日。米线节还有主会场，在大营街。如果到大营街过米线节，碰到上千人一起吃米线的热闹场景，可别惊奇，在玉溪，年年如此，长盛不衰。米线节如此隆重，玉溪的米线如此丰富，也因此奠定了玉溪米线在云南的地位。

米线节的头牌米线就是鳝鱼米线。鳝鱼米线的帽子自然是鳝鱼。把做帽子的鳝鱼切成三指宽的大片，用蒜末、姜末炝锅，大片鳝鱼入锅爆炒，依次加入草果粉、辣椒粉、八角粉、盐、老酱。鳝鱼炒熟，加入些许高汤，加入料酒，盖锅煨煮收汤，汤尽，则鳝鱼帽子成。取大碗，碗底备好底料：辣酱、酸腌菜、芫荽、蒜油、姜水、花椒油之类，汤是猪骨与火腿熬成的，色泽浓白。米线进滚水大锅一烫，装入大碗，浇上浓浓的高汤，汤面撒上"三青"：薄荷、香葱、韭菜。此时，大勺鳝鱼帽子盖在米线之上，讲究的，还要加上几片叶子，以增强口感，也叫鳝鱼叶子米线。加不加辣椒油，

食者自选。这碗米线，简

直是鲜与香的代表作。很多迷恋这一口味的外地客，就为了尝这口鲜，驱车百里，无怨无悔。当然，米线节推出的不止一个鳝鱼米线，各色米线都会亮相，但鳝鱼米线一定是"头牌"。

玉溪人钟爱鳝鱼米线是有原因的：一是鳝鱼做成，口感口味皆佳，有一种其他鱼类没有的香味。虽然鳝鱼不是鱼，可无论如何担了一个鱼的名字。而且鳝鱼营养价值高，补中益气，滋补肝肾，多吃有益。二是玉溪地区多水，境内大小湖泊遍布，抚仙湖、星云湖、杞麓湖之外，小水面也不少，小河小沟更是不计其数，盛产野

生鳝鱼。靠山吃山，靠水吃水，生出鳝鱼米线这样的美食，便成自然。

在玉溪地区，无论是汉族，还是彝族、白族、傣族，都视鳝鱼为珍食，还有一个民族，也同样把鳝鱼当作珍贵美食，而且创出了自己

民族的名菜"太极鳝"。这就是生活在玉溪地区的蒙古族。云南有蒙古族，很多外地人觉得新奇，其实不用惊奇，从南宋末年蒙古大军出征大理，就有大批蒙古军人来到云南，落户云南，直到今天。云南是中国南方蒙古族人口最多的省份。

云南 26 个世居民族中，蒙古族人口不多，一万人左右。但分布却很广，最集中的地方是在玉溪市通海县的兴蒙蒙古民族乡。通海蒙古族是当时屯兵曲陀关的蒙古军人的后裔。进入云南已经七百多年，到现在还保持着自己的民族语言，坚守着民族习俗。近几百年来，兴蒙乡的蒙古族同胞，绝大部分从事建筑业，所以他们敬的神仙是鲁班。每年农历四月初二是鲁班节。过节了，外出的木匠、瓦匠、石匠们，都要赶回家里来过节，杀

猪宰羊，搭台唱戏，极其隆重。如同玉溪各民族游土主，这一天，兴蒙乡的蒙古族百姓，也敲锣打鼓，燃放鞭炮，抬着檀香木雕刻的鲁班像到各村寨巡游。仪式完毕，整个村寨还要集中到村中空场，载歌载舞，欢庆节日。

庆祝节日，要吃大席，自然少不了牛肉、羊肉，但是云南蒙古族最看重的红食，是鳝鱼。通海蒙古族居住的地方临近杞麓湖，年轻男女都会摸鱼抓虾。吃鳝鱼，最好的吃法是油爆。活鳝鱼抓回家，养几天，吐吐腹内泥沙，用调料腌制，盐、辣椒、葱、姜、蒜、薄荷等，腌成，直接放入锅里油爆，鳝鱼遇热卷缩一团，形似太极图，便是太极鳝。在玉溪吃鳝鱼，可不止一个鳝鱼米线，太极鳝也是名吃。

玉溪是有名的烟草之乡，但是其他好东西也不少，在省内闻名的有冬瓜糖、豆末糖、水豆豉、甜藠头、油乳腐等。如果有机会到玉溪，除了吃一碗鳝鱼米线，也顺便捎点特产回去吧，可都是"玉溪牌"的噢。

焖肉米线的
玉溪基因

　　焖肉米线，是云南米线中最常见的一种。从昭通到文山，从曲靖到大理，走遍云南的东西南北，无论到哪里，想吃一碗焖肉米线，都很容易，因为无论哪里的煮品店，都少不了这个米线。焖肉米线可称为云南人的大众米线。云南各地都把焖肉米线作为自己的当家品种，不过要找这个米线的根，还得到玉溪。因为，无论哪里的焖肉米线，源头都在玉溪。

焖肉米线何以能流传如此广，被很多地方当作自己的当家米线？最主要的原因是食材普通、做法简单、好吃不贵，可以说是云南米线中最大众化的平民美食。

焖肉米线出生在玉溪，能流传于各地，落户于各地，是有一个传播节点的，这个节点，也如过桥米线一样，在昆明，而且就在一条街上——昆明的玉溪街。这条街，不但成就了小锅米线，使小锅米线成为昆明的当家米线，也成就了焖肉米线，让焖肉米线植根昆明，并且传遍全滇，成为云南米线普及化程度最高的品类。

所以，说焖肉米线，得先说说玉溪街。玉溪街是昆明第一条美食街，也是全中国第一条美食街，这很值得昆明骄傲。开辟这条街的，是辛亥名宿李鸿祥。说玉溪街，还得先说说李鸿祥。

李鸿祥是玉溪大营街人，少年时到昆明求学，二十六岁报考公费留学，与李根源、唐继尧等人一起在

日本振武学堂学习军事。在日本，受孙中山革命思想影响，加入同盟会。回国后，参与云南陆军讲武堂的筹备，并成为讲武堂教官。朱德元帅就是在李鸿祥举荐下，以外省人的身份，破格被讲武堂录取的。辛亥革命中，李鸿祥领导和参加了重九起义，并在起义胜利后担任昆明市城防卫戍司令，后担任云南省政务厅长、云南省临时参议会议长。在筹建个碧临石铁路、整顿个旧矿务、恢复锡业生产、建立各地师范学校、选派云南子弟出国留学等事务中发挥了关键作用。为振兴玉溪经济，扶助家乡，李鸿祥更是竭尽全力。在昆明建设玉溪街，就是他的一个善举。20世纪20年代，李鸿祥联络在昆明的玉溪同乡，集资买下了忠爱三坊附近的一块地，规划街巷，首先盖成上下两层一百五十多间商铺的新兴商场，又以新兴商场为中心，向外扩展，布设商铺，使这一带逐渐成为商业街，新兴商场主要经营玉溪棉纱土布。首先进入商业街的，大多是玉溪商户，经营各类玉溪小吃。到后来，各地小吃都向这条街集中，终于成了美食一条街。正是这条街，把玉溪传统饮食搬进了昆明。小锅米线、鳝鱼米线、卤饵块、凉卷粉、蒸

肉、白斩鸡、破酥包子、冬瓜蜜饯等也因此进入昆明，并开始名扬省内外。毕业于西南联大，后担任云大教授的玉溪籍学者朱应庚晚年回忆说："民国初年建成的玉溪街，是昆明当时唯一的一条饮食街，其热闹程度不亚于正义路、晓东街、南屏街。窄窄的街面两边摆满了饮食摊点，从早到晚人来人往，趋之若鹜，人们以到此一饱口福而为快事。这一盛况一直持续到上世纪（编者注：指20世纪）50年代，说明了玉溪风味在云南饮食文化中的地位。"进入玉溪街的小吃，最突出的自然是米线，除了小锅米线、鳝鱼米线，还有杂酱米线、叶子米线、牛肉米线、羊肉米线、余肉米线，总有十几样之多。这其中，就有来自玉溪、风靡昆明、传播全省的焖肉米线。

焖肉米线，重在焖肉。焖肉米线的焖肉，做法完全是玉溪式的，主料是猪肉和大蒜。肉一般选用猪后臀尖，去皮，切成骰子块，而且肥瘦肉分开，肥的肥，瘦的瘦。大蒜的用量，至少是肉的二分之一，也就是说，如果罩帽三

分的话，肥肉瘦肉大蒜各占三分之一。做焖肉，不用素油，先将肥肉下锅，炒至出油，再放入瘦肉，瘦肉变色，连同肥肉渣一同铲出。余油再炒大蒜，大蒜外缘变黄，亦铲出。此时开始调味，先放入老酱，炒出红油，再放入各色调料，盐、糖、酱油等，先加入肥瘦肉，炒至与调料混合，再加入大蒜混炒，不加水，只靠猪肉中析出的油脂，以小火慢煨至肉蒜皆酥软，则焖肉完成。

配合焖肉的，还有重要一味：豌豆尖。焖肉醇香，加入豌豆尖，多一份清香。所以，烫米线时，同时烫豌豆尖，米线入碗，浇上高汤，将豌豆尖铺在米线之上，盖上焖肉帽子，一碗醇香与清香同在的焖肉米线便呈现在面前。吃焖肉米线，大蒜是精华，往往比肉还有味，这是焖肉米线的一大特色。

在云南吃米线，调味已然在厨房完成，但是米线端出，还可以二次调味，这次需要自己动手。一般的煮品店都有一个台子，上面放置各种调料和配菜，诸如盐、

酸醋、酱油、白糖、花椒粉、胡椒粉、
胡辣椒、油辣椒、小米辣丁、葱花、
芫荽末、韭菜末、折耳根等，食客
各取所需。吃焖肉米线，亦可自己调
味，喜辣喜酸自便。但是笔者以为，焖肉米线自有焖肉
米线的固有做法和口味，不加任何修正，更能吃出焖肉
的纯正味道，特别是肥瘦肉与大蒜共同营造出来的那股
特别的香味。只是提个建议吧，如若您来云南，吃早点
来上一碗焖肉米线，您自己体会体会。

不一样的
玉溪凉米线

米线凉吃，在云南很普遍，有时甚至在筵席之上被当做主菜。外地客人到云南，主人设宴招待，一般桌上都会有一大盘配了多种菜蔬、五彩斑斓的凉米线。因为米线是对云南饮食文化最好的展示，上一盘凉米线，最能表达主人的心意。我国内地各省市的年夜饭，置于餐桌中间位置的，要么是年年有余的鱼，要么是山珍海味烩一锅的全家福，在东北一般都是大盆凉菜。但是在云南，绝大多数家庭，放在筵席中间位置的，是一大盘凉米线。这盘出现在除夕夜的凉米线，把云南人对米线的感情淋漓尽致地展现出来。

云南各地都有凉米线，且各有特色，但是云南人提起凉米线，往往第一个想到的是玉溪凉米线，为什么？因为玉溪凉米线历史深厚，极具特色。玉溪米线节，虽然是在冬日，但是卖出去最多的，是凉米线。很多外地人到玉溪，或者路过玉溪，如果只有一顿饭的功夫，选择的十有八九是凉米线。

玉溪凉米线有特色，特色体现在哪里？

第一，玉溪凉米线是凉拌米线与凉拌豌豆粉两相结合，吃米线的同时，也能吃到豌豆粉。

云南人是吃豆的专家，在滇菜家族中，豆类菜占有极其重要的地位。一是食用豆的种类多，豌豆、蚕豆、青豆、红豆、绿豆，均为常食。二是食用频率高，早点、正餐、

夜宵都能见到豆类的身影。三是豆类的后加工和食用方法多，仅一个红豆，就能炒、能煮、能炸，能与各色食材调配出色香味俱全的菜品。黄豆就更丰富，从青豆开始吃起。豆子黄熟了，做酱，做卤腐，做青豆豉、黄豆豉、臭豆豉，

做豆腐。云南的豆腐种类，可以说名冠全国，卤水豆腐、石膏豆腐、酸浆豆腐，还有用井水点成的石屏豆腐、臭豆腐、毛豆腐、黄豆腐、灰豆腐，最特别的是包浆豆腐。蚕豆亦然。但是黄豆、红豆、蚕豆与豌豆比起来，就要逊色很多。在云南，豌豆才是滇菜第一豆。

在云南，豌豆是分为两种的，一种是普通豌豆，一种是甜脆豌豆。甜脆豌豆又甜又脆，出了云南，无处可寻。甜脆豌豆主要做菜用，清炒豌豆、三丁豌豆、藕丁豌豆、火腿豌豆、鸡丁豌豆、鸡蛋套炸青豌豆等，用的都是甜脆豌豆。普通豌豆也不普通，不但能入菜，还能演化出多种食材，像稀豆粉、豌豆粉、黄粉

皮等。 豌豆粉不但凉拌，还能煮、炒、煎、炸、烤，一个豌豆粉就能做出一个席面。云南人早点吃油条，往往不配豆浆，而选稀豆粉，迷恋的正是那股迷人的豆香。豌豆粉还可干制成黄粉皮，大块豌豆粉，刮成薄片，晾干后就成了黄粉皮，油炸黄粉皮，酥脆，带有浓浓的豌豆香，黄豆皮回软，还可以做成炒菜、炒腌菜、炒小瓜、酸腌菜煮黄粉皮，都是很多人家的当家菜肴。豌豆入馔，最有云南特色的是还能做饭——豆焖饭。无论云腿豆焖饭还是干巴豆焖饭，都豆香四溢，带有走出云南无处寻觅的云南味道。但是，在诸多吃法中，最为普及的则是凉拌豌豆粉。昆明人吃凉米线，就是凉米线，吃凉拌豌豆粉，就是凉拌豌豆粉。把凉拌米线与凉拌豌豆粉二合一，是典型的玉溪特色，也是很吸引人的特色。

第二，玉溪凉米线，调酸调甜各有其妙，其中有一味调味品十分特别——甜醋。

　　汪曾祺曾在昆明吃过凉米线，他写凉米线："米线加一点绿豆芽之类的配菜，浇佐料。加佐料前堂倌要问'吃酸醋吗甜醋'？一般顾客都说：'酸甜醋。'即两样醋都要。甜醋别处未见过。"

　　云南人的口味，喜甜喜辣。云南人对甜的应用，非常独特。

　　红糖、白糖、冰糖、饴糖、甜白酒是中餐菜肴调味常备之物，云南自然不会缺席。独特的是，云南还有酿造之甜，不但有甜酱油，还有甜醋。现在，甜醋已经普及，但退回几十年前，中国人吃甜醋的，大约只有云南和广东两地。广东人的甜醋，用途很窄，主要是做炖品，而且是给生育妇女食用的，因此也叫"添丁甜醋"。吃甜醋的，也就是这些生育妇女。在云南，吃甜醋的，可就多了，可以说是全民吃甜醋。到云南，吃碗凉米线，

你自己可能没有感觉，就成了云南甜醋的食客之一。云南甜醋，最好的是建水甜醋，但是吃甜醋最多的，大约是玉溪人。用甜醋

最多的，就是凉米线。

第三，玉溪凉米线调制精细，精细到让人吃惊的地步。一碗凉米线，除了配菜豆芽、韭菜，甜酱油、咸酱油、酸醋、甜醋，还要浇入姜水、蒜水、花椒水、辣椒油、芝麻油。米线到了食客手里，食客还可以添加自己喜爱的配料，一般米线店都已准备妥当，只等你来挑选。盐、白糖、腌菜末、蒜末、葱花、芫荽末、姜末、薄荷叶、折耳根、花生碎、黑白芝麻等。如此精细，难怪让很多人如此倾心玉溪凉米线。

一碗玉溪凉米线端在手里，先别吃，看看。米线纯白，上面覆盖着一片一指厚的带锅巴的豌豆粉，红红的辣椒油将米线、豌豆粉染红半边，碧绿的韭菜簇拥在豌豆粉旁，黄红白绿，美感十足。可别小看这点锅巴，豌豆粉软，这点特意炕出来的锅巴却韧，吃凉米线、豌豆粉，感觉到的都是爽滑，但吃到这点锅巴的时候，却变得韧而耐嚼，使食用过程多了一点跌宕的感觉。汪曾祺形容凉米线，是大酸大甜，"夏天吃凉米线，大汗淋漓，然而浑身爽快。"这个爽快，与凉米线的调味的浓重分不开。

一般的凉米线，调料虽然精细，但是配菜种类相对不多，多为豆芽、韭菜、腌菜。但是，如果是很正式的场合，将凉米线作为大菜，那可就讲究了。特别是以下两种场合。

除夕夜的年夜饭。这盘凉米线，用高沿大盘，米线铺底，上面覆盖各色配菜，最常见的是云腿丝、鸡丝、豆干丝、蛋皮丝、胡萝卜丝、青笋丝、黄瓜丝、烫韭菜等。沿着大盘，依次摆开，色彩斑斓，如同一件艺术品。浇头调好另置，自然也是五味俱全，甜酱油、咸酱油、甜醋、酸醋是核心。常规调味用油，多为芝麻油，年夜饭的凉米线，常常改用鸡枞油，连同鸡枞丝一起，浇到米线配菜之上。这个过程，可以用隆重来形容。鸡枞油，是云南的"土味精"，香气极其优雅，凉米线遇到鸡枞油，档次立刻登高一级。

云南人的婚宴，凉米线一般也不会缺席。上述调料、配菜一样不能少，为了烘托喜庆氛围，各种配菜丝里，往往会增添一款红椒丝，韭菜托红椒，恰如绿叶配红花，意在为新人送上祝福。这种情景，在其他

地方的婚宴上是不会出现的，也算是云南特色吧。

　　在云南，玉溪凉米线声名远扬，但是各地也都有具有自己特色的凉米线。昆明的凉米线除了没有那块豌豆粉，配菜作料与玉溪无异，而且更重甜，除了甜酱油，用糖量也大，最能体现凉米线大酸大甜的特点。保山人喜爱火烧肉，吃凉米线，加入火烧肉。腾冲人喜爱凉鸡，吃凉米线，加入凉鸡。大理人喜爱炖梅，调酸用梅子酱。弥渡有上好的水腌菜，凉米线用水腌菜配，水腌菜的脆与米线的柔相得益彰。临沧人甚至将鳝鱼纳入凉米线，做成鳝鱼凉米线，酸汤鳝鱼凉米线是临沧名吃，即便是玉溪人也很佩服。

　　吃玉溪凉米线，先把豌豆粉用筷子夹成小块，再将米线与豌豆粉拌开。如此，更能体会米线滑、豌豆粉糯、粉皮韧的感觉。夏日到玉溪，吃一碗玉溪风格的凉米线，大酸大甜，也许还加上大辣，肯定会有与汪曾祺先生一样的感觉：大汗淋漓，浑身爽快。

彝风彝韵
——峨山春鸡米线

　　玉溪往南有两条路，东南方向是通海，西南方向是峨山。峨山往南，就是传统上的滇南地区了。峨山这个名字很容易引起误会。很多外地人听说峨山，很容易和峨眉山联系起来，以为是四川的一个地方。其实峨山在云南还是有名气的。云南省第一个实行民族自治的地方就是峨山，中国的第一个彝族自治县也是峨山，峨山不是峨眉山，是嶍峨山。

在玉溪，可称为美食之乡的地方有好几个，澄江、华宁、通海，都靠湖，属鱼米之乡；易门是有名的菌子之乡；新平自古是茶马古道的重要节点，商业繁盛，饮食业发达。和这些县比较起来，峨山多少有些逊色。峨山正如其名，有的只是山。峨山是现在的名字，历史上，很长时间叫"嶍峨"。看看这名字就知道，群山延绵，又嶍又峨。不过，澄江、华宁、通海有水有鱼，峨山有山有竹，峨山是玉溪乃至云南有名的竹乡。生长在山间

竹林里的，有品质优良的土鸡。峨山的土鸡，就是峨山的宝，可以和抚仙湖的鱼一比。

峨山的土鸡好，峨山人拿来做成什么美食呢？很特别：舂鸡。因为出自峨山，所以也叫峨山舂鸡。峨山舂鸡，不但在玉溪，在滇中一带都大有名气。先说说这个舂鸡是怎么做成的吧。

舂鸡，用的鸡是小土鸡，而且必须是嫩鸡。鸡宰杀后，洗净，用盐涂抹后晾干，之后入清水锅，加姜、葱、

八角之类，慢火炖煮。待肉软烂，取出晾凉，将鸡解开，硬骨踢除，连同脆骨切块下木臼，加盐、葱、姜、蒜、辣椒、胡椒，最为重要的是加入香椿籽，一同舂成鸡茸。这便是舂鸡。舂成的鸡，肉成丝缕状，与未舂烂的骨头缠绕在一起，食之鲜香麻辣，诸味合一。这个舂鸡，下饭是好菜，佐酒更是好菜。

在云南，无论什么好菜，只要好吃，一定能和米线挂钩。这么好吃的舂鸡，哪能不和米线相配呢？舂鸡米线由此诞生。舂鸡米线，用的是鸡汤，帽子是舂鸡，把能用的都用上。舂鸡麻辣鲜香，舂鸡米线自然也麻辣鲜香。细细品味，能品出香椿籽的那股微苦

回甘的味道。在诸多米线中，这种味道，只存于峨山舂鸡米线之中。

实际上，峨山人吃舂菜，是有历史传统的，并不止一个舂鸡，只要能舂的，皆可入舂桶。鸡可，肉可，干巴可，鳝鱼可，更多的是菜，豆角、茄子均可舂，

最好的是菌子，如果把菌子与其他食材一起舂，那就是最好的美味。因此，在峨山，与舂鸡米线同在的，还有舂肉米线、舂鳝鱼米线、舂菜米线。不过这些多为家庭制作，为家常小吃，而舂鸡米线已经成为峨山一大品牌，名声响亮，在外经营，打出的都是峨山舂鸡米线的牌子。

"舂"，是云南多种民族的烹饪手法。彝族有此传统，景颇族、佤族、基诺族也都将舂作为主要的烹饪手法。

基诺族各家各户都必备两个舂桶，一个专门用于舂盐、辣椒，一个专门用以舂菜舂肉。有民谚："汉炒、傣蘸、基诺舂。"基诺人家，没有舂桶，如同汉族人没有锅，做不成饭。佤族食俗，饭菜合一，天天吃烂饭，吃烂饭必须将肉、菜舂成泥状，否则就不成为"烂"饭。所以在佤山寨子，舂桶天天作响。景颇人的烹调之法，舂占第一位。景颇人吃干巴，要舂来吃。将牛干巴用火焙熟，撕成条，放入舂桶，加入盐、辣椒、生姜、豆豉、芫荽等，舂成干巴茸。吃鱼，也舂，一般用小干鱼，用火焙熟，加入盐、辣椒、芫荽、荆芥等，一起舂成鱼茸。其他民族吃鱼腥草，大多是凉拌，景颇人却也拿来舂。可见，

春这个手法，在云南的流行度相当之高。但是在彝族中，春这个手法，用得最多的，还是峨山彝族。

　　路南（今石林）、弥勒一带的彝族属阿细支系，自称撒尼。峨山彝族是聂苏支系，因为女子系花腰带，也被称为花腰彝。二者之间民风民俗多有不同。阿细支系与聂苏支系的歌舞形式不同。撒尼支系善舞，跳的舞叫阿细跳月，电影阿诗玛里的舞蹈和主题曲调，就是阿细跳月。峨山花腰彝，却喜欢对歌，名"阿哩"。聂苏支系也有自己的舞蹈，彝族本以虎为图腾，不崇龙，但聂

苏支系却有龙舞，而且有女子舞龙，称为凤舞龙。同样，二者在食俗上也有很多差异。譬如"春"这个食俗，在阿细支系中不存在，在聂苏支系中却大行其道。由此诞生的春鸡、春鸡米线也成为花腰彝的特色美食。

峨山美食，不止一个春鸡，峨山小吃，也不止一个春鸡米线。峨山是玉溪地区有名的竹乡，竹笋、竹荪、竹胎盘、竹耳，都是竹乡特产，以竹为菜，开发出的"全竹宴"渐渐也有了名气。

到峨山，不止能吃到春鸡、春鸡米线，能吃到全竹宴，还能看到彝族民族历史的文化景观。作为中国第一个彝族自治县，峨山人认为，为彝族祖先立像，传播彝族文化历史，是自己的责任。多年前，就集资在县城开辟了一个公园，立起彝族之祖阿普笃慕及其六个儿子的巨型塑像，讲述彝族六祖分支的历史，作为彝族先祖的祭祀之所，命名为阿普笃慕文化园，也被称作中国彝族文化广场。文化广场居中上首塑阿普笃慕巨型雕像，两边塑阿普笃慕六子塑像，供全国彝族同胞瞻

仰祭奠。这是中国少数民族中第一个祭奠民族祖先的大
型广场，也是其他民族了解彝族历史、敬仰彝族祖先的
地方。这是彝族的魂魄所在，到峨山，一定要去看看。
看过，再去吃舂鸡米线，吃全竹宴吧，那就会带了一份
对彝族历史的敬重情感去吃，就多了一分厚重的感觉。

花腰傣的美食
——戛洒汤锅米线

　　新平县是玉溪中部的一个县，全名新平彝族傣族自治县，除了彝族和傣族，还有哈尼族、拉祜族、白族、苗族，汉族和回族人口也不少。新平傣族是傣族三大支系中的一支——花腰傣。在新平，花腰傣主要分布在戛洒、漠沙、水塘等几个乡镇，国歌《义勇军进行曲》作曲者聂耳的母亲，就是漠沙花腰傣。花腰傣以衣饰华丽著称，花腰傣女子，无论老少，都裹腰带。腰带为织锦彩带，

宽约一尺，长丈余，裹在腰间，称为花腰。除衣着织锦衣衫，裹花腰，身上还缀满银饰，头戴斗笠，极尽雅致华丽。2003年，法国巴黎举办世界民族服装展，中国各民族服装送展，花腰傣服饰艳压群芳，得到金奖。可以说，这是一个充满浪漫主义色彩的民族群体。

花腰傣衣饰艳丽而精致，性格也应该很细腻温婉吧？不然。以食俗为例，花腰傣的食俗，用两个字形容，就是豪放。戛洒、漠沙的花腰傣，最著名的美食，是汤锅牛肉，吃起来，那气势，可以说豪气冲天。怎么这么说呢？因为这个汤锅是大锅，小一点的，也比一般农家柴灶用的锅大一倍，大的锅，可以煮下一头牛，有多大，您尽可想象。第一次见到戛洒大汤锅的人，站在煮肉大锅前，甚为惊讶，还没有见过无动于衷的。

这说的还是一口锅，说牛肉，就更豪放了，汤锅牛肉是吃全牛，头蹄筋骨肠肚下水连同牛肉一锅煮，连牛

皮也不放过。锅大，肉多，煮的时间就要长，据说至少要煮四五个小时。煮成，捞出来，分门别类切好，放置在竹箩里，腱子肉、牛肚腩、牛头肉、牛筋牛蹄、心肝肺肠肚，各自归类，堆成大堆。如果是寨子里自己吃，则先敬长辈，其后亲属乡邻们各捞各的，大快朵颐。如若在街上，卖给食客，则由食客自点。喜欢牛肉的点牛肉，喜欢下水的点下水，喜欢筋头巴脑的点筋头巴脑，喜欢一样来一点的，尽管点，收罗收罗，再回到锅里回煮。戛洒黄牛，得哀牢山风水灵气，皮韧肉嫩，牛肉、牛筋、牛舌、牛肚、牛心、牛肝、牛皮本已煮熟，汤锅再开，香气四溢，此时舀出，大盆奉上，配上哀牢山的野芫荽、野薄荷、野折耳根、小米辣，肉香、菜香、清

香、辣香喷发，那种幸福感，如浪潮般袭来。外地客来到戛洒，哪有不吃一顿牛肉汤锅的，那种大锅大盆的气势，就能把你的食欲激发出来，不由你不动声色。吃完牛肉，来点儿主食吧，现成的大锅牛肉鲜

汤，旁边竹匾上就是雪白的米线，烫一把米线，大勺牛肉汤浇上，抓一把小葱和芫荽，喜欢辣的，来点鲜灵灵的小米辣剁末，或者红艳艳的辣椒油，那可就是心满意足了。

戛洒牛肉汤锅好，戛洒牛肉汤锅米线自然好，让人吃一回想一回。很多昆明人、玉溪人，就是为了这一口，年年来戛洒。

戛洒的汤锅好，首先是牛肉好，这与所处的地理环境有关。新平所处的地区，是哀牢山脉的中段，哀牢山从滇西的保山向滇东南延伸，穿德宏，过临沧，进红河，延绵两千里，山峦逶迤，风光秀丽。两千里哀牢，新平

正在中间。哀牢山国家级自然保护区的核心就在新平。这个保护区，被认为是世界同纬度生物多样性、植物群落保留最完整的地方，是热带与亚热带南北动物迁徙的大走廊。戛洒黄牛，就生活在这个最适宜生物生长的地方，能不好吗？

只是牛肉好，也不一定能做出好汤锅，好汤锅还要有好的烹饪方法和好配料。不过，这些都是戛洒各位汤锅店主的秘籍，他人无法知晓。因为即便在戛洒，各家汤锅的口味也多有不同，戛洒一个小镇，经营汤锅和汤锅米线的，就有上百家。能看到的是，哪家的牛肉好，哪家的汤锅米线好，哪家就顾客盈门。

就米线而言，仅只牛肉汤好也不行。要成就最好的汤锅米线，米线也得好啊。米线好，首先是米要好。在云南，哀牢山区是梯田最为集中的地区，也是优质水稻的最大产区。戛洒河是戛洒镇的母亲河，这条河水浇灌出来的水稻和糯稻，都是稻中精品。花腰傣有一个食俗，吃扁米。扁米，是糯稻尚未成熟，在灌浆期，就割回来。不能当时脱壳，先在锅

里焙干再脱壳，用这样的米做饭、熬粥，清香酥软。这个风俗，也从一个侧面印证了哀牢山区稻米的别有风味。用这样的稻米做成的米线，配上大汤锅熬煮出来的牛肉汤，能不好吗？在戛洒吃米线，也能吃出大汤锅一头牛的气势来，那种感觉，实在是好。

汤锅米线和汤锅牛肉，哪个为先？自然是汤锅牛肉。没有汤锅牛肉，就不会生出汤锅米线。那么，戛洒的汤锅牛肉是怎么成为地方的当家美食的呢？这就要和中国南方历史上的一个文化现象联系起来。

云南是产茶大省，过去云南所产的茶叶，主要供应西藏等藏族聚居区。藏族聚居区没有蔬菜种植，茶叶是一个极其重要的维生素来源。对藏族同胞而言，茶叶一天都不能少，没有了茶叶，酥油茶就没有了灵魂。从滇南产茶区将茶叶运到康藏，在过去，靠的只能是马帮。山间铃响马帮来，就是云南两千年的交通史。新平以南，红河、普洱、西双版纳，都是重要的产茶区。茶马古道，从普洱始，第一站进入元江，第二站就是新平，而新平茶马古道的节点，

正在戛洒。马锅头们在普洱将茶叶装上驮子，往北进发，一路露宿，最好的食物就是汤锅。折荆为柴，汲水为汤，哪怕打一只山鸡，猎一只麂子，都是好吃食，汤锅烧开，吃肉喝汤，一天的劳累全然消失。汤锅文化，其实是马帮文化。戛洒有民间传说，戛洒有好黄牛，大马帮来了，往往撂下一驮茶，换一头牛，汤锅烧开，连皮带肉，带头蹄下水一起煮，大大打一顿牙祭。这个吃法，也被戛洒的花腰傣接受。逢年过节，为老人祝寿，红白喜事，也学着马锅头们，杀一头牛，大锅煮，男女老少一起吃，久而久之，终成戛洒的一种风俗，

这个习俗又走进街子，在街上展示。戛洒汤锅，可以说是马帮文化在戛洒的固化。

戛洒是新平乃至玉溪一片非常有名的"街（昆明话念"gāi"）子"。街子是云南方言，等同于北方的"集"、四川的"场"、两广的"墟"。从清朝开始，戛洒就是一个商贸繁盛的街子，直到现在仍是。戛洒一个街子天，能聚集一两万人，赶街买卖的本地人自然是多数，但也有不少是专门来吃牛肉汤锅和

汤锅米线的外地人。可以说，街子天，是汤锅"大会战"的时候。百店迎客，满街汤锅，大堆牛肉，大筐米线，大队人马，热情四溢，香气四溢。如此，戛洒汤锅和汤锅米线一起，随着四方客人的口碑，名扬八方。

来云南，想吃一顿戛洒的汤锅米线，不难。不用到戛洒，在昆明、在玉溪、在楚雄，都能吃到，名扬八方了嘛。走出戛洒，外出开店的戛洒人也不少，不会让您失望的。

新平肠旺米线的味道

到新平，吃过戛洒的牛肉汤锅米线，如果还有时间，不妨再尝尝新平的肠旺米线。很多地方都有肠旺米线，但新平的肠旺米线有自己的特点，很吸引人。

肠旺米线的帽子，自然是肠与旺。肠很好理解，但西南地区以外的很多朋友，对"旺"有些陌生。在云贵川渝，"旺"就是动物的血液，凝固后，便是"旺"。在汉字里，"旺"有很美好的含义。肠旺，作为米线的

帽子,是肠与旺的结合,含义更为美好——长旺,常常旺。

旺既然是血之凝固,那就有很多种,猪血旺、羊血旺、鸭血旺等,肠亦然。所以,即便做米线帽子,哪种肠与哪种旺结合,是可以有多种排列组合的。说新平肠旺米线有自己的特点,是有其固定的组合:猪肠与羊血的结合。小小一碗米线,猪羊聚会,难得。

肠旺米线其实是肥肠米线与羊血米线两种米线的汇合。在云南,肥肠米线在很多地方是作为当家米线的。滇中一带的澄江、晋宁、安宁,滇东北的镇雄、巧家、绥江,都有味道很好的肥肠米线。羊血米线在肠旺米线出现后,很少有单独出现的机会,即便呼为羊血米线,其实也是加了肠的肠旺米线,不过羊血的比例大一点而已。但过去,羊血米线也是云南很普遍的一个米线品类。汪曾祺就吃过昆明的羊血米线,而且留下深刻印象。"青莲街有一家卖羊血米线。大锅煮羊血,米线煮开后,舀半生羊血一大勺,加芝麻酱、辣椒、蒜泥。这种米线吃法甚'野',而鄙人照吃不误。"

肠旺米线的肠，是卤猪肠。卤猪肠，用的是云南特有的卤料。云南的卤肉卤菜，卤料中，除了八角、草果、砂仁、丁香、肉桂这些常用的味料外，还有很多云南独有的香料，如木姜子、香蓼、野茴香、水芹菜、野芫荽、苤菜根、香茅草、山花椒、野山奈、野豆蔻、野薄荷等。新平是中国生物多样性极丰富的地方之一，野生香料多种多样，用这些香料卤出来的猪大肠，香味十足且独特。

而肠旺米线中的"旺"，制作也很精细。羊血凝固后切块，用微火慢慢煮，煮到旺皮收缩，内里亦收紧，达到入口弹牙的程度方可。这个旺，可不是汪曾祺先生20世纪40年代时吃的那种半生不熟的旺了。

新平肠旺米线还添加了一种食材，而这个添加，为肠旺米线增添了一分难得的口感体验，这便是"脆臊"。"脆臊"，很多地方为了简化写作"脆哨"，这是对"臊"不了解造成的。"臊"，就是臊子，原义是切碎的肉丁，

因为面条浇头是用这样的肉丁做成的，如同云南米线的帽子，故而在很多地方，特别是西北方言中，将面条的浇头称为"臊子"。云南方言中，也汲取了这个"臊"的语义，因为这个肉丁是油炸出来，发脆，就是"脆臊"。在新平，脆臊的加工是很讲究的，可不是炼制猪油剩下的猪网油的油渣，用的是有肥有瘦的五花肉，而且要先煮后炸，炸得脆生生的。吃肠旺米线，帽子里实际包含了三种食材：筋道耐嚼的卤猪肠，虽软却弹牙的羊血，脆中蕴香的脆臊。所以，这个米线叫"肠旺脆臊米线"更为合适。吃肠旺米线，光这口感，就是一种享受。

肠、旺、臊，都是荤，一碗米线应该荤素搭配，不能只有荤，没有素吧？当然不会缺。新平肠旺米线还有一个不可或缺的配菜——新平酸腌菜。

云南人，无论哪个地方，哪个民族，没有酸腌菜的，几乎没有。在云南，最出名的酸腌菜，西边有弥渡，南面有新平，是云南腌菜"两朵花"。在滇中一带，人们说起酸腌菜，往往脱口就是新平腌菜，可见其名气之大。

新平腌菜，和其他地方的腌菜并无不同，出名的原因，主要是新平出的大青菜好，云南人叫做大苦菜。生长在哀牢山的大苦菜，菜杆是扁的。长得高的，能长到一米多高，单棵就有六七千克。别看大，却嫩，最适合腌水腌菜。新平人正是靠这菜，在云南争得腌菜头筹。酸腌菜剁碎，吃肠旺米线，加一勺，这米线就增加了一股酸甜的味道、脆爽的感觉。

吃过西安的葫芦头，吃过重庆的毛血旺，吃过宜宾的肥肠面，吃过贵阳的肠旺面，到云南，尝尝新平味道的肠旺米线吧，一定不会让你失望。说不定，走的时候，还会特意买上一罐新平酸腌菜，回家慢慢品尝呢。

菌子米线
楚雄飘香

　　米线好不好，三要素不可或缺：第一是米线柔韧顺滑，第二是汤料鲜香适口，第三是罩帽味美不腻。罩帽不用说，多数为荤，鸡、鸭、猪肉、火腿、鳝鱼之类，汤料多数是高汤，用猪骨、牛骨、鸡架、鸭架、火腿脚骨等。熬制有没有汤料和罩帽皆素，而米线更为鲜香的？有啊，菌子煨汤、菌子做帽的米线是素米线，却是云南米线中的上乘之品。

　　菌子，是云南人离不开的山珍野味，云南是菌子世界，云南的山山岭岭，草丛树下，各种菌子遍布，能够食用的野生菌有四百多种，常见于餐桌上的就有几十种。无论种类还是产量，在全国都首屈一指。很多在外地珍贵的菌子，比如鸡枞、松露、松茸、羊肚菌等，在云南人的饭桌上却常见。春夏秋三季，菌子上市时，牛肝菌、竹荪、老人头等菌中美味，在云南更是稀松平常。有些菌子，为云南所特有，不到云南，难于品尝，比如干巴菌。至于青头菌、扫把菌、奶浆菌、铜绿菌、虎掌菌、鸡油菌、谷熟菌、北风菌等，上市时间更长，市场上随处可见。有些内地人不敢吃的微毒菌子，云南人也不因怕中毒而舍弃，照样采摘回来，重油猛火，去其毒而食之，比如被称为见手青的红牛肝。云南人对菌子的感情，由此可见一斑。

　　菌子多，吃法就多，所以在滇菜中，形成了一个特殊系列，在别的菜系中是没有的，这就是菌子菜系列。有多少种烹饪方法呢？总有十多种吧。炒、烩、炖、煨、煎、烤、蒸、炸、红烧、汽锅、火锅，不一而足。而菌子作为调味品，也是云南独特的食俗，最常见的是将菌子油炸后连菌子带菌子油一起，作为菜品和小吃的调味品。譬如鸡枞油、干巴菌油，都是极好的调味品，过去没有味精、鸡精，这就是云南人的土味精、土鸡精。说起来，比那些装在瓶子里，工厂生产出来的合成香料，不知要好多少倍，是真正的健康食品。

菌子能做成菌子汤，自然就能和米线相配，菌子能烩能炸能红烧，自然就能作为米线的帽子。菌子能做菌子油，自然能为米线调味。因此，菌子米线便有多种形态。最为常见的家常做法，是用菌子油为米线调味，不过，这个米线还不能叫做菌子米线，只是米线获得菌子香味的一种食用方式。现在市面上常见的菌子米线，大致有几种。

一种是鸡汤或骨汤炖菌子，汤料和帽子一体。鸡汤骨汤煨炖菌子就是常见方法，只是煨炖完成，加入米线，这是最普遍的做法。这种做法，一般都选用杂菌，杂菌名字不好听，但是多种菌子共同炖汤，也是多种鲜味的集合。而且一碗米线，能吃到好几种菌子，多美呀。

一种是汤料不拘，菌子做帽。这个菌子罩帽，就要将菌子的味道触发到极致了。因为米线香不香，鲜不鲜，全靠这个帽子支撑。一般的做法是选好菌子，最好是黑牛肝菌、黄牛肝菌，也有用红牛肝菌（即见手青）的，普通的，还可用杂菌，如青头菌、鸡油菌、谷熟菌、奶浆菌等。调味主要用大蒜、辣椒、草果、八角，越简单越好，不夺菌子之味。先将菌子炒至断生，加入大蒜等佐料再炒，香味逸出即可。如是见手青，则要炒至菌子萎缩。如此便可作为帽子备用。米线烫好，浇入高汤，盖上菌帽，菌子米线即成。这种做法，也是常法。菌帽的菌子，经过炒制，变得口感韧而香气足，使这碗米线显得格外鲜美。

一种是汤料用菌子汤，且连同菌子入碗，但另有帽子，譬如焖肉，譬如辣鸡，譬如腌菜末肉，这是一种复合型菌子米线。

一种是吃菌子锅，菌子吃完，再加入米线，可以叫菌子锅米线，这种吃法，菌味最为浓郁，菌子在锅中释放出来的各类营养物质连同菌香一同留在锅内，此时米线下锅，捞出与汤同食，也是味道最好的时候。这可以称为菌子米线中的极品。

菌子米线，各地都有，以昆明、玉溪、曲靖、楚雄为盛，因为这几个地方是菌子的主产区。昆明的禄劝、富民、晋宁几个区县，玉溪的易门，曲靖的师宗，都是有名的菌子产区。师宗还有一座山，就叫菌子山。但是，在云南，菌子最为集中的产地，是楚雄。吃菌子米线最多的地方，也是楚雄，说菌子米线是楚雄味道，不是恭维，因为楚雄人吃菌子，吃得百味齐全。就一个菌子米线，就能做出不同花样。

楚雄是彝族自治州，下辖八个县市，以菌子闻名的就有好几个，南华、牟定、武定、禄丰、双柏，都是菌子之乡，南华还是农业农村部授牌的"中国野生菌之乡"。年年举办"菌子节"，吃菌子能吃出一个节日来，可见从南华到楚雄的菌子之盛。

　　在楚雄，吃顿菌子米线不稀奇，吃顿菌子宴也不稀奇。滇菜筵席上的菌子菜，爆炒牛肝菌、干椒见手青、火腿干巴菌、油煎鸡枞、竹荪山药鸡、块菌蒸蛋、红烧松茸、汽锅青头菌之类，应有尽有。近些年来，还创出了不少新做法、新吃法。烤松茸，鲜松茸烧烤，蘸蘸料；火把菌珍，松茸、鸡枞、虎掌三种菌子和着鲜肉为馅，蘸面包渣，炸成一把；茶香铜绿菌，把普洱茶拉进菌子堆，用普洱茶汤煨炖菌子。都是过去闻所未闻、见所未见的吃法。以前，吃菌子，都是做熟了吃，楚雄开了生吃菌

子的先河。松茸片蘸芥末、凉拌鸡枞、牛肝菌凉片，一个个脆生生的，还都挺吸引人，不但在楚雄，连在昆明也流行开来。在楚雄，吃菌子锅，下米线，就更不稀奇了。

　　菌子米线，不止楚雄各县市多，在昆明，在玉溪，在曲靖，在大理，都有专营的菌子米线店。宜良人把菌子和猪脚做在一起，叫菌子猪脚米线，还把店开到昆明。大理人把菌子和旺做在一起，叫菌子旺子米线。玉溪人还把菌子分类，做成不同的菌子米线，鸡油菌米线、铜绿菌米线、青头菌米线、鸡枞菌米线等，更有一锅烩的杂菌米线。想来，云南人的菌子米线，也会走出云南。哪天在北京，在上海，出现云南菌子米线的餐馆，可别惊奇，进去吃一碗吧，看看与在云南吃过的是不是一个味道。

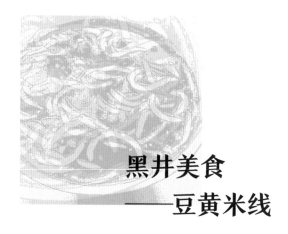

黑井美食
——豆黄米线

　　云南多种多样的米线中，有一种米线很特别。说它特别，是因为流行范围很小，它只出现在一个地方——楚雄州禄丰市的黑井镇。米线的名字叫"豆黄米线"。注意，不是豆浆米线，也不是豆汤米线，是豆黄米线。豆黄米线虽然只是一个小镇美食，名声却不小。原因是黑井是一个古镇，近年来，是楚雄乃至滇中地区的一个旅游热点。到古镇旅游的游客，要吃早点宵夜吧？豆黄

米线就是很好的选择，不用做广告，不用刻意宣传，有游客的口碑，豆黄米线的名声就传开了。

豆黄米线招人喜爱，最主要的是这个米线有一股浓浓的豆香，豆黄黏稠，附着在米线上，与米线的米香混合成一种令人着迷的味道。豆黄米线的豆黄，是豌豆，具体说，是煮成黏稠软烂状的水发豌豆。云南人吃豌豆，绝大多数吃的是鲜豆，无论是普通豌豆还是甜脆豌豆，都是鲜豆入菜。用干豌豆水发回来，再煮烂，而配以米线的不多，黑井大概是最突出的。

豆黄米线荤素皆可，可以只用豆黄做汤，也可以添加杂酱，无论荤素，吃的都是那股豆香。在黑井镇，小吃店经营的早点，除了豆黄米线，还有炒米线、凉米线、砂锅米线之类，但无论是当地人还是游客，多数人选择的都是豆黄米线，无论荤素。

豆黄是水发豌豆煮成，与其最相近的小吃，是重庆的豌杂，但仔细看来，还是不同。第一，黑井豆黄比重庆豌杂煮得更到位，也更黏稠。第二，豆黄米线的调味主要用姜末、蒜末、辣椒粉之类，味道是鲜甜微辣，重庆的豌杂面花椒油与花椒面用量大，味道是咸鲜麻辣。第三，黑井的豆黄米线一般加几片青菜叶子，增加米线的清爽味道，重庆的豌杂面除了青笋尖或青笋叶以外，还要加入芽菜和冬菜，风格各异。最不同的，是豆黄米线调鲜不用味精鸡精之类，而用鸡枞油，这是典型的云南风格。有外地客人吃过豆黄米线，猜想这二者有借鉴关系，最终的答案很模糊，无从考证。

黑井虽然是一个小镇，却有辉煌的历史。在云南历史上，黑井曾是盐兴县的县城，而盐兴与安宁、盐丰、云龙并称云南古代四大盐井。明代，黑井是云南四个盐课提举司驻地之一。云南四大盐井中，黑井在清代时期地位尤为重要。在古代，盐是最重要的民生物资，盐就是钱，哪里有盐矿，哪里就是商业繁盛之地。方志记载，

黑井盐业始于汉，兴于唐宋，盛于元明清三代。明清两代的黑井盐税，占到当时云南全省税收的大头，当年的繁荣可想而知。

历史上如此辉煌，何以如今连县城都当不上，成为一个小镇呢？无奈啊。兴也因盐，衰也因盐。黑井的衰落，在 20 世纪 30 年代。煎盐是要用木炭的，木炭是木柴烧制的。几百年的以炭煎盐，黑井周边的树木越砍越少，用炭煎盐已经难以为继。为什么？柴越来越贵，用现在的话说，是利润倒挂了。恰恰这时出了一个人物，这个人就是后来担任过全国政协副主席的抗日名将张冲。1931 年，云南省主席龙云任命张冲担任云南盐运使。张冲上任后发现，黑井的盐业，因燃料问题，已经走进了死胡同。但离黑井不远，有个一平浪煤矿。一平浪有煤无盐卤，黑井有盐卤无煤，二者结合，不是天作之合吗？于是张冲大手一挥，拍板，用陶管子，把黑井的盐卤引入一平浪，以一平浪的煤炭做燃料，就地煎盐。有管道，卤水可以自流，煤不用走出一平浪，就在窑口，就地点火，以煤煎盐。如此一来，成本大大节省，产量大大提高，

盐价大大降低，云南缺盐状况得以大大缓解，盐价跌至原先的三十分之一，很多过去吃不起盐、餐餐淡食的百姓，终于吃上了盐。最神奇的是，盐矿投产一年，所有投资全部收回，创造了云南民族工业的奇迹，张冲因此被奉为云南"盐神"。

张冲成了云南"盐神"，一平浪成了新的繁盛之地，却苦了黑井，黑井从此告别繁华，藏在深山，名气渐消。黑井固然没有了往昔的繁荣，但是繁荣时的生活轨迹，却不会戛然而止。黑井人对饮食的追求并未消退。黑井繁荣时，逢年过节，有过七八台大戏同时开场的热闹，更有富商宴客"八八席""六六席"的奢华。八八席的64道菜，分8次上桌，每次上菜8种，炒、烤、蒸、煮、炖、煨、焖、烧各一，每个菜都用不同形制的器皿盛装上桌，何等奢侈！可以想见，这些盐商的早点也不会马虎。能生出豆黄米线这样的米线，大约也是盐商们的构思，这就是享受啊！

　　如今，八八席早已不存，但是八八席没了，土八碗还在，这可是黑井人年节和招待客人必备的吃食。直到现在，黑井的饭店，井盐牛干巴、干椒石榴花、炖煮灰豆腐、盐焖肉、盐焖肝、盐焖鸡，都长盛不衰。豆黄米线保留至今，也是黑井遗风之一吧。

　　豆黄米线出了黑井吃不到，因为豆黄米线黑井独有。不止米线，黑井还有两种菜肴，滑氽和烧肤，也为黑井独有，滑氽近似酥肉，但不是油炸，而是用水氽出来的；烧肤则是猪皮经过复杂过程烹调出来的，当然，并不是假鱼肚，其形其味都独具一格。这两样菜肴，出了黑井也吃不到。盐焖肝、盐焖鸡、灰豆腐、石榴花，在别处也少见。就是为了吃黑井美食，也可以到此一游。小镇虽小，但是龙川江流过，五马桥连接，牌坊当街，庙宇遍布，盐商大院恢弘，值得看的地方多着呢。如今古镇旅游是热点，昆大铁路广通站离黑井不远，来去方便，有好吃的等着您，就不要犹豫了。

砂锅罐罐出美味
——姚安臭豆腐米线

    云南米线，有多种口味和风格。有的清淡，有的醇厚，有的偏甜，有的偏辣，有的追求苦味，要的是那股清凉。比如卤米线，鲜甜；凉米线，酸甜；骨头参米线，香辣；西双版纳撒苤米线，苦凉。可以说云南米线味极五味。不过，五味之外，还有一味，臭。最好的代表作有两个，一个是德宏的臭豆豉米线，一个是姚安的臭豆腐米线。中国饮食味道中的臭香，是一个很大的类别。北方有，南方更盛，如北方的臭大酱、臭虾酱、臭酸菜，南方的臭苋杆、臭千张、臭屁醋。自然，云南也不例外。云南人吃臭食，诸如臭参、臭豆豉、鸡屎藤、臭油果。但吃得最多的，是臭豆腐，多为烧着吃、蒸着吃、炒着吃。用臭豆腐煮米线，很多地方也有，口口相传中最美味、最具代表性的，首数姚安臭豆腐米线。

云南人有吃臭豆腐的传统食俗。用臭豆腐煮米线，不止姚安一个地方，玉溪、文山、红河、昭通……不少地方都有这个吃法。但让各地的人来评议，公认姚安最好。如同昆明的当家米线是小锅米线，在姚安，当家米线就是臭豆腐米线。大约吃得多，烹饪技巧就更精巧吧。各地食客佩服姚安，视姚安臭豆腐米线为代表，说明姚安臭豆腐米线肯定味美实惠。

云南人所说的臭豆腐，与湘鄂和江浙一带的臭豆腐可不是一样东西。湘鄂江浙的臭豆腐虽然多少有些区别，但有一点是共同的，都是用臭汤子泡出来的，这个臭汤子，也有叫臭卤的，也有叫卤汁的，装这个臭卤、卤汁的，叫臭坛子。卤汁是怎么做出来的呢？用得最多的是用苋菜汁，腌苋菜，把苋菜汁挤出来，放在坛子里，加

点儿小鱼小虾剩菜剩肉，几日汁水便发臭。也有用其他方法制作卤汁的，如老笋根腌汁、腌冬瓜汁、腌毛豆汁，都能发酵成臭卤。臭卤不但能泡豆腐，凡是能吃的，几乎都能泡臭，臭苋菜杆、臭毛豆、臭芋头杆、臭千张、臭冬瓜，无所不能。用臭卤泡出来的臭豆腐，表面发灰，味道中带了臭菜的气味。云南的臭豆腐，与这种臭卤浸泡出来的臭豆腐完全是两码事。云南的臭豆腐，实际是霉豆腐，即便臭了，也是豆腐本味，

不掺杂其他味道，与皖南的毛豆腐是一家子，而且有历史传承关系。不过，皖南风格的毛豆腐到了云南，有改进，有发展，不止霉成毛豆腐，还霉成比毛豆腐臭得多的臭豆腐。皖南风格的毛豆腐，浑身长满白毛，如同小白兔。但云南的臭豆腐，却再进一步，继续霉，最终白毛妥协，霉成灰黄色，霉得更厉害的，甚至出现灰黑色斑点，就像小老鼠。无论小白兔还是小老鼠，在云南都叫臭豆腐。

在云南，臭豆腐的吃法很多，可蒸可煮，可炒可炖，还可以烧烤，烧豆腐，是云南很多地方夜市的当家小吃，这烧的就是臭豆腐。吃法如此之多，在米线之乡云南，自然也能和米线做成一款小吃。

臭豆腐米线在各种米线中，有一个鲜明的特点，煮米线不用铜锅、铁锅，而用砂锅，或者用高腰砂锅，大名罐罐。所以吃臭豆腐米线，不是端个砂锅，就是捧个罐罐。原因无他，砂锅、罐罐壁厚，散热慢，能长久保持温度，而热量最能激发臭豆腐的香味。有时候，米线罐罐已经离开炉灶好一阵了，罐子里的汤汁还处于沸腾状态，咕嘟咕嘟冒着气泡，香气一阵阵逸出，那种感觉，妙极。

姚安臭豆腐米线讲究的口味是"爽、滑、软、香"，用的是酸浆米线，也就是我们所说的粗米线。酸浆米线柔韧，而且吸汁，爽、滑、软、香全占，最能体现臭豆腐醇香的味道。煮臭豆腐米线，先煮臭豆腐，配合臭豆腐的，还有老酱、韭菜等，待臭豆腐香味激发出来，再下米线，煮到米线吸满汤汁，便可上桌。而这罐子或这砂锅米线的面上，还有一样不能少的东西：薄荷，这是姚安臭豆腐米线的特色。这几叶薄荷，能让你吃出不一样的姚安味道。

姚安这个地方，即便在云南，名气也不大，和大理、丽江、西双版纳、石林、香格里拉比起来，可以说默默无闻。但是历史上的姚安却了不起。

在云南，有一种说法，"一部云南史，半部在姚安"。何以如此了得？这和一个家族有关，高氏家族。诸葛亮南征南中（今云南），跟随他入滇的有一个江西吉安人叫高翔，这个人后来就留在云南，化入白蛮，他的后世子孙扎根姚安，成为云南名震一方的豪门大族。虽然没有爨氏那般辉煌，也差不到哪里去。正是爨氏衰落时，高氏登上了云南的历史舞台。南诏时期，高氏是镇守一方的封疆大吏，南诏末年，又襄助段氏平定四方，建立大理国。从此开始世袭大理国相，一度还被拥立当了两年皇上。忽必烈灭大理，高氏子孙却并未退出历史舞台，继续得到元朝的重用。为了表示对高氏家族的重视，忽必烈特意将姚安从州升格为路，姚安路，这可是省级规格了。高氏此后世袭姚安路军民总管府总管，一直到元亡。明代，高氏一族并未受到

清算，仍然享受高官厚禄的待遇，南明时，还有人当上了朱由榔小朝廷的太仆寺正卿，又登上了宰相位。从南诏到大理，再到元明两朝，姚安在云南的地位之高，延续年代之长，在云南历史上也无可与之相比者，在中国历史上也很难找到像高氏这样的家族。可以说，千多年以往，云南的重大事件，没有一件不和姚安扯上关系的。您瞅瞅姚安在各朝各代的行政级别就能知道。

说来，姚安的确有点儿传奇色彩。放下高氏不说，历史上，姚安还有几个有头有脸的人物。南宋末年，蒙古大军进军云南，东路军由川入滇，大本营就设在姚安，两位主将，一个是抄合，一个是也只烈，是元代在姚安的第一代主官。这两位都是血统正宗的蒙古王爷，成吉思汗的子孙，地位都在西路军首领乌良合台之上。明代，为了稳定姚安，朝廷特派刑部郎中李贽远赴云南，担任姚安知府。李贽是明代著名思想家、文学家。他在姚安任职期间，做过不少好事，写下不少诗文，也给姚安留下不少念想。他修的几座桥，至今仍在。清代，又有一个人物来姚安当知府，这个人叫纪容舒，是清代名臣纪

晓岚的父亲。因为当过姚安知府，所以也叫姚安公。虽然在姚安任职时间不长，但是在他儿子纪晓岚的《阅微草堂笔记》中，记载了十多则他在姚安的轶事。所以说，姚安不止有罐罐臭豆腐米线，还有很多有意思的故事呢。

臭豆腐米线不止姚安有，好几个地方的臭豆腐米线也相当有名。玉溪的臭豆腐米线按照小锅米线的做法，除了臭豆腐，还加入新鲜末肉，是荤米线。昭通的臭豆腐米线都是罐罐米线，垫底的必然是昭通酱，味道可用麻、辣、烫形容。弥勒的臭豆腐米线，是和焖肉米线合一的，配菜除了韭菜，还加入切得细细的白菜，据说白菜和臭豆腐同煮，别有一番滋味。建水的臭豆腐米线，还有用包浆臭豆腐的。建水有一种包浆豆腐，很另类，云南以外没有这东西。小块豆腐，表皮较一般豆腐紧实，里面包的却好似豆腐脑。包浆豆腐霉到一定程度，表皮发黏，嗅之臭气袅袅，就成为包浆臭豆腐。建水人吃包浆臭豆腐最常吃的是烧豆腐，用来煮米线，表皮一散，满锅浓香。到云南，即便碰不到姚安的臭豆腐米线，昆明的、玉溪的、昭通的、建水的、楚雄的、都不错，碰到了，就尝尝吧。

鲜味飘逸
——草芽米线

　　玉溪往南，即进入红河州。红河州全名为红河哈尼族彝族自治州，明清两代是临安府属地。临安府历史上是云南最富庶的地区，有"金临安，银大理"之称。因为富庶，临安府也是云南最著名的美食之乡。临安小吃甲云南，明清两代即然。学界普遍认为，临安府是滇菜最主要的发源地。不说别的，单单一个米线，就名品迭出。蒙自过桥米线是云南米线头牌，跟在后面的，弥勒卤鸡米线、开远土鸡米线、石屏小黄牛肉米线、元阳红

121

米线，在云南都是名米线。建水草芽米
线更为云南人津津乐道。

　　历史上，建水一直是临安府城，元代始，就有文献
名邦、滇南邹鲁的称誉，是国家命名的中国历史文化名

城。建水有中国南方最大的文庙，有比北京
天安门还早的朝阳门，有中国四大名陶之一
的建水紫陶，还有中国独一份的烹饪器具汽
锅。建水汽锅烹制的汽锅鸡、汽锅乳鸽、汽
锅小黑药肉丸、汽锅草芽，都是滇菜名肴。

　　建水还是云南小吃品类最多的一个县，很多小吃都
带有儒家文化特有的儒雅风格。包浆豆腐、糯米莲藕、
燕窝酥、狮子糕，每一个都显得精细雅致。建水有众多
小吃，草芽米线只是其一，但却是食用频率最高的。烧
豆腐是夜宵，草芽米线是早点。夜宵不一定人人都用，
早点却是天天必吃。在建水吃米线，无论是过桥米线还
是羊汤米线、牛肉米线、土鸡米线，如果米线里面没有
草芽，就不能叫建水米线。自然，草芽米线的主角必定
是草芽。所以，草芽天天都要出现在建水人的餐桌上。

草芽是什么？没见过的，想不出来。草芽是香蒲草的一种，吃的芽，是它的嫩根。因为长得白白嫩嫩，形状就像袖珍象牙，所以还有一个名字，象牙菜。这个菜在云南只生长在建水和建水附近。草芽可以做成多种菜肴，如凉拌草芽、清炒草芽、草芽鸡丁、草芽里脊、汽锅草芽、草芽汽锅鸡、草芽溜鱼片、草芽炖排骨、草芽氽肉丸，等等。还能配海参、配云腿、配虾仁，只要沾了草芽，都是高档菜肴。诸多菜品，能汇聚成一个草芽宴席。

草芽米线，就是草芽与米线两白相逢，以清鲜为主旋律的一款雅致美食。

草芽米线一般用鸡汤，也有用牛大骨和火腿汤的，或有用筒子骨鸭汤的，但都用清汤。配菜只用葱花、芫荽、薄荷，草芽要的是清鲜。草芽洗净，切段，加入鸡汤之中，将烫好的米线入碗，大瓢清汤倾入，撒入葱花、芫荽、薄荷，一碗鲜灵灵的草芽米线便成。追求纯的感觉，是儒家文化在食俗上的

体现。所以，吃草芽米线，是在品文化，感受千年凝聚
而成的滇南文化气息。

草芽入菜，是建水特色。在云南，出草芽的地方很
少，有人便认为草芽只生长在建水，其他地方没有。这
是误会。香蒲草在中国分布很广。野生香蒲草分布最广、
数量最大的地区是东三省。嫩江流域、松花江流域、鸭
绿江流域的河汊沟渠里，大多生长有大片的香蒲草，多
数与芦苇相伴。香蒲草的花呈棒状，在东北叫蒲棒。蒲
棒可以做观赏花，插花时插几只蒲棒，很美。有香蒲草，
应该也有草芽，但是东北人不吃，也不知道这东西能吃。
所以，空有大片香蒲草，餐桌上却不见草芽。可也不是
说有香蒲草的地方都没有人吃草芽。在中国，吃草芽最
多的，不是建水，是淮扬菜发祥地之一的淮安。淮安是
中国种植香蒲草最多的地方。东北的香蒲草是野生的，
大片野生蒲草，几十亩，几百亩，甚至一望无际。相比
东北，南方就大不同了。建水已经少有野生香蒲草，多
数是人工种植，数量小，产量也不大，所以珍贵。淮安
与建水相似，也多为人工种植，数量也不大，故而也珍贵。

但是从普及度看，淮安一带种植蒲草、吃蒲菜的区域和数量，要比建水大一些。

淮安人不叫草芽，叫蒲笋，也叫蒲菜。淮安人食用蒲笋的历史可以追溯到汉唐时期。汉代大文学家、淮安人枚乘写赋《七发》，就有"刍牛之腴，菜以笋蒲"之句。在淮安，蒲菜的吃法也多种多样，清蒸蒲菜、鲜虾扒蒲菜、蒲菜鸡汤、香蒲狮子头、开洋炒蒲菜、鸡粥蒲菜、鳝丝蒲菜，等等，都是很雅致的菜肴，但是，与建水草芽煎炒烹炸、溜烩煨蒸皆能，汽锅汤锅皆可，还能做成筵席相比，淮安多少逊色一些。

淮安的蒲笋，只产于淮安城区的水面。出城，即便距城很近的水塘里都少有能成笋的香蒲，一经生成，便是老根，不堪食用。这与建水多少有些相似。草芽产地，局限于建水，走出建水，虽然也有地方小面积种植，但质量仍然无法与建水相比。东北大片香蒲，却无人食用蒲笋，也可能的确无法食用。蒲笋珍贵，草芽珍贵，由此可见。所以，能吃一顿草芽汽锅鸡，能吃一碗草芽米线，也如同能吃一盘开洋蒲笋，一碗蒲菜鸡汤，应该都是很幸福的事。

　　建水人喜爱菜之清鲜，不止吃草芽，还喜爱羊奶菜。羊奶菜是藤蔓科植物，通体绿色，但是掐开其茎，便会流出白色浆液，状似奶浆，所以在云南被称为羊奶菜。羊奶菜于哀牢山区分布很广，但是吃得最多的是建水人。把羊奶菜割回来，洗净捣碎，用盐、白酒、辣椒粉拌匀，放在坛子里发酵，半月后便可食用。在建水，羊奶菜是很多人家的家常菜。别处蒸扣肉，用冬菜、芽菜、梅干菜、酸腌菜，建水人用羊奶菜。建水人在吃上下的功夫，让人佩服。

　　云南是一个四季如春的地方，所以，植物生长期是轮回交错的，草芽便是如此，四季生长，随时可采。所以，到建水，想吃草芽，方便至极，不一定吃草芽米线，各种米线，都少不了草芽。在建水，吃过桥米线，告诉老板，多加点草芽，老板定能多加，让您满意。不过，如果真是想品味一下草芽纯纯的清鲜味道，还是吃一碗草芽米线吧。不是说这碗米线里包含了建水千年的文化气息吗？感受一下吧。

卤鸡米线出弥勒

红河州各地的米线中，有一个很出名，不但在红河各地，在昆明也开了很多店，这就是弥勒市的卤鸡米线。

卤鸡米线用卤鸡做帽子。所以，说卤鸡米线，先得说说卤鸡。卤这种做法，在中餐中很普及，各菜系都有自己的卤菜，虽然称呼有些不同。东北一般叫做酱，卤料叫酱料，比如卤肉叫酱肉，卤鸭叫酱鸭。西北，比如陕西，叫腊，卤羊肉叫腊羊肉，卤牛肉叫腊牛肉。西安

肉夹馍，夹的就是腊汁肉。云南人所说的卤，就更复杂。比如昆明的卤米线，实际上没有卤料之卤，只是取其形似。但弥勒卤鸡之卤，却是实实在在的卤，与江浙、广东所说的卤一致。弥勒卤鸡，是用卤料卤出来的。

弥勒卤鸡，很有特点。一是必用小公鸡，且是刚打鸣的小公鸡，取其嫩。弥勒卤鸡是当地人不可缺少的食物，鸡的用量就大，本地的小公鸡不足，即便到外地收购，也绝不弃公就母。而且对鸡的大小也有要求，杀好的白条鸡，两斤半，大了小了都不用。邻近的贵州兴义的小公鸡，最受弥勒人的青睐。因为兴义的小公鸡是走地鸡，山林中自寻食物的鸡，与饲料饲喂出来的鸡大不同。据说弥勒卤鸡，十只有九只是兴义小山鸡。二是卤料配方极其复杂，而且密不传人，很有些神秘。据说一般的卤料，就包含了五十多种中草药，其中很多是云南独有的香料。对卤料使用的要求更加严格，多大的鸡，用多少卤料，都有一定之规。鸡码入锅中，加入老汤和卤料，急火烧开，文火煨炖，至少 3 个小时

才成。卤出来的鸡，色泽金黄透红，香气扑鼻。用这样的卤鸡做帽子的米线，而且汤中包含了卤汁，自然也带有卤鸡的香气。

卤鸡本身就是就饭下酒好菜肴，卤鸡米线是二者兼顾。在弥勒，无论早晚，很多人都是一碗卤鸡米线，既是饭，又是下酒菜。喝酒吃卤鸡，吃完卤鸡喝完酒，一碗米线就是饭。对于很多弥勒人，如果没有了这碗卤鸡米线，生活的趣味也缺了一大部分。

说了半天弥勒卤鸡米线，说的都是卤鸡和米线，没有说到弥勒。很多人听了弥勒这个名字，很容易和弥勒佛联系起来，是大误会。弥勒两个字，是彝语的译音。弥勒这个地方，历史上是乌蛮的地界，这个部落的首领便是弥勒，所以叫做弥勒部，是东爨乌蛮三十七部之一。弥勒部是彝族阿细部落，与石林的阿细是同一族系。阿诗玛的故事，实际上是流传于弥勒的一个民间故事，因为拍电影，外景地选在石林，大家误以为阿诗玛的故乡在石林。弥勒设治，最初在元朝，因为部落名称是弥勒，所以蒙古人设州，弥勒州。明朝延续。到清朝，废州改

县，直到现在。算来，这个名字已经有七百多年历史。但是这段历史，很多人不了解，看到弥勒两个字，便自发与弥勒佛挂钩。这种现象在清代已经出现。清代就有人写游记，说，"州以弥勒名，其治好佛"。后来更是以讹传讹，以致有和尚来此，化缘建寺，就取名弥勒寺。有了这个寺，更坐实了弥勒市因弥勒佛而名的讹传。不过，现在多数人已经了解了弥勒市的前世今生，回归弥勒本真。

弥勒不但在云南名气不小，在邻省也多有影响。弥勒有温泉，因为泉在山中，风光秀丽，因而远近闻名。弥勒在邻省的影响，和温泉有很大关系。弥勒邻近广西和贵州，很多广西人和贵州人，假日都开着车，到弥勒泡温泉。不止温泉，弥勒还有好葡萄，有好葡萄，就有好酒"云南红"。"云南红"的影响，就不止广西和贵州，"云南红"可以说是南方干红第一品牌，当年"云南红"在西南地区打市场，成渝两地白领和先锋少年们趋之若鹜，认为不喝"云南红"，就被甩在时尚潮流之外，一时间大西南满城尽是"云南红"，至今此风不息。弥勒

还是云南乃至全国红糖的重要产区，有"天下红糖出云南，云南红糖出弥勒"的说法。这个说法可不是弥勒人自吹，是营养专家认定的。弥勒红糖，也叫竹园红糖，是红糖中的极品，在云南，甚至被认为是最佳补品，叫"云南第一补"。

弥勒的名气，还不止是这些物产，更让弥勒人自豪的，是弥勒名人。在云南，一个县级市出了这么多人物，少见。第一个是大观楼一百八十字长联的作者孙髯翁。当年，长联一出，惊倒全省文人墨客，传诵之声，何止西南，大大为云南的文人争了光。孙髯翁祖籍三原，生在昆明，但是晚年却生活在弥勒，死后也葬在弥勒，弥勒人视为弥勒乡贤。第二个是被皇上赐二品顶戴的红顶商人王炽。王炽本是一个靠票号、盐运、铜运发家的商人，为人精巧，官商两道皆通。光绪八年（1882年），法国入侵越南，清军赴越作战，朝廷手头没钱，王炽拿出六十万两白银垫支军饷。慈禧太后看到云南边陲还有如此懂事的人，赐了一块"急公好义"的匾，封为资政大夫，赏二品顶戴，并赐祖上三代一品衔，许建"三代

一品坊"。王炽在世的时候，美国的《时代周刊》和英国的《泰晤士报》评富人榜，王炽被评为全球第四大富豪，还成了《时代周刊》的封面人物。第三个是抗日名将张冲。张冲是一个传奇人物，少年时为反抗当地土豪欺压，带了一帮人啸聚山林，后被滇军招安，成为滇军支系，曾担任过云南盐运使，再后来担任国军师长、军长，1946年到达延安，成为解放军的一员。有人总结，张冲是由匪军而滇军，由滇军而国军，由国军而共军，最终找到了正确的人生之路。在担任云南盐运使时，开创了云南以煤煎盐，使盐价大降的历史，被百姓誉为"盐神"。抗日战争中血战台儿庄，战功赫赫，被称为"铁血将军"。抗日战争结束后，不屑蒋介石以云南省主席之诱，毅然出走延安，参加共产党，在建立和巩固东北根据地中发挥了重要作用，新中国成立后曾担任全国政协副主席。第四个是数学家熊庆来。熊庆来出生在弥勒，十四岁考到昆明读书，二十岁到比利时留学，本来学的是采矿，但学习期间第一次世界大战爆发，又转到法国，在巴黎大学改修数学。还在学生时期就发表了两篇论文《无穷级之函数问题》《关于无穷级整函数与亚纯函数》，

133

震动了西方数学界，被称为中国奇才、世界数学界的一颗新星。他定义的"无穷级函数"被数学界命名为"熊氏无穷数"，列入大学教科书，至今仍是学生的必修课。回国以后，熊庆来到清华大学任教。他的学生中，不少人后来成为中国科学界的领军人物，包括严济慈、钱三强、赵九章、柳大纲、许宝禄、张广厚等。曾被几代人津津乐道的华罗庚以初中学历进入清华的故事，其中那位伯乐，就是时任数学系主任的熊庆来。抗日战争期间，熊庆来应龙云之邀，回到云南，担任云南大学校长，是云南高等教育的先驱者。这几位人物，哪一位拿出来，都声名显赫。如此，说弥勒人杰地灵，肯定不是说大话。

弥勒在红河州北端，出了石林，便是弥勒。两个县市都是以彝族人口为主体的县市，而且两个县市的彝族同胞同属阿细支系，食俗相同。石林有的，弥勒都有。但是，弥勒还是有自己的特点，石林人吃米线，吃羊汤米线、骨头参米线，弥勒人就喜爱卤鸡米线。弥勒还有两款民族美食，是石林没有的。

一个是"炖甜肉"。这是用竹园红糖做的一道菜。虽是名菜，做法却简单。五花肉切大块，与红枣一起，加入红糖，慢火炖五个小时左右，炖成的五花肉色泽红艳，甜香不腻，入口即化，是弥勒人敬老的一道名菜。

一个是南瓜焖饭。秋天，弥勒的农民在秋收时，常常在地里野餐，摘一个南瓜，从瓜把处开一个口，掏空瓜瓤，把带来的大米、腌肉和就地采摘的野菜一起，放入南瓜里，盖上瓜皮盖子，用三块石头垫底，用柴草烧，这就是南瓜饭。吃南瓜饭，是弥勒彝族乡亲的一道传承已久、野味十足的美食。

弥勒美味多多，到弥勒，一定要都尝尝。品一只鸡，卤鸡；吃一碗肉，甜炖肉；甩一碗米线，卤鸡米线；喝一瓶酒,云南红;抿一块红糖,竹园红糖。还有,听一支曲,阿细跳月。吃了,喝了,还有美妙的音乐舞蹈,弥勒游才算得上圆满。

名气远扬的
开远土鸡米线

弥勒有卤鸡米线，开远有土鸡米线。这是红河米线
中的两只鸡。但是两只鸡的风格不同。

开远土鸡米线的最大特点是清香，汤清如水，却鲜
味逼人。多数米线店，鸡肉是不放入汤中的，另用小盘
盛放，吃米线时可以一口米线，转过来，再
夹一块鸡。这种吃法，极富特色。土鸡米线用
的是干浆米线，细，能突出鸡汤之清。

有一种说法是，开远土鸡米线是"四好米线"。

鸡好。肯定是本地土鸡，吃苞谷、野草籽、小虫子长大，皮色黄，肉质细，骨头硬，骨髓油充盈。

汤好。纯纯的鸡汤，不靠调料，讲究本来的味道。并不是有好鸡就能炖出好汤，汤料的配合很重要。喝开远土鸡汤，端过碗来，一口下去，鲜气逼人，鸡味十足，再吃米线，味道可大不一样了。开远上好的土鸡米线，放在盘子里的鸡，并不是煮在锅里的那只鸡，煮在锅里的，是肉厚油肥的老母鸡，放在盘子里的，却是鲜嫩肉紧的小公鸡。此鸡此汤配合能不好吗？

米线好。干浆米线也有优劣，好米线，不但爽滑，而且耐嚼。吃米线，无论是过桥米线、小锅米线，吃的是米线，如果米线不好，把好汤也糟蹋了。

还有一样，辣椒好。土鸡米线用的是开远的油辣椒，这个油辣椒并非米线专用，拌鸡拌肉均可用。开远人认为，用机器捣辣椒，把香气也带走了，所以开远油辣椒必是人工制作，用舂桶舂出来，舂得稍粗，炸的稍微过火，半糊不糊，其中还加入了只有开远人才知晓的香料，炸成，辣味减退，香味倍增，这个油辣椒，是土鸡米线的最佳伴侣，这也是开远土鸡米线一绝。这样的"四好米线"，给您一碗，那份清爽，那份鲜气，荡气回肠，定会让您有吃一碗想一碗的感觉。

开远人吃米线，自有一套吃法。特别是上了点年纪的中老年人始终坚守。早起，进米线店，要一碗米线，碟子里的鸡太少，单加一份。打一杯苞谷酒，慢酌慢饮，一个早餐，能吃俩钟头。那碗汤，放在最后，酒足饭饱，以汤结尾，即便已经凉了，却还是鲜得让人不忍一口咽下。抿下这碗汤，早餐结束。

红河州是哈尼族彝族自治州，但是开远的民族结构却不同。人口较多的民族不是哈尼族，而是彝族、苗族、回族和壮族。开远少数民族和汉族人口的比例是六四开，少数民族六，汉族四。全市三十多万人口，六成是少数民族，前四位依次是彝、苗、回、壮。四个民族里，彝族和壮族来得最早。其他两个民族，都是元朝以后才进入的。但是，在彝族中，包含了大量"老汉人"，既包

括西汉两晋进入云南化入乌蛮的汉人，也包含明初进入
云南屯垦的一些汉族人，因为开远很多彝族人的家谱，
是从南京开始写起的。当地彝族有民间传说，汉族和彝
族老家都在南京应天府，后来南京人口太多，住不下，
就往南迁，到了开远坝子，一看，不错，就住了下来。
彝族人憨厚，占地时用草把做标记。汉族人精明，占地
的时候用石头做标记，结果山火一来，草把都被烧掉了，
所以坝子都被汉族人占去了，彝族只好住到山上。这个
传说恰恰说明，彝族里包含了大量来自江浙一带的汉人，
由于历代通婚，已经你中有我，我中有你。而后进入开
远坝子的"新汉人"，把这些"老汉人"的后代一律视
为彝族，而这些"老汉人"的后代也心安理得地认为自
己就是彝族，是从南京迁过来的彝族。在云南，历代进
入的汉人融入其他民族的例子比比皆是，开远只是其中
之一。

　　回族是元代跟着乌良合台和赛典赤·赡思丁进来的
回族官兵的后代。元军进占滇南，从昆阳、玉溪、通海，
直到开远、个旧，形成数十个屯兵点，几百年过去，屯

兵变屯垦，屯垦变民户，这些来自我国西北，乃至中亚、伊朗、阿拉伯的回族，成了地地道道的云南人。西北回族马、穆、撒、丁姓多，但在云南，特别是在通海往南的回族中，纳姓、刺姓占相当比例。据说赛典赤·赡思丁的四个儿子在他死后多数留在云南，繁衍后代，家族兴旺，他的四儿子叫纳速刺丁，后代以纳、速、刺、丁为姓，分四支，纳姓最旺。现在，通海、玉溪、开远、个旧，包括昆明，纳姓人口占有回族人口的相当比例。

开远苗族，则更晚些进入，都是清代由湘黔陆续迁入的，比回族晚一些。但是过程长，人口累积，终于超过回族，在汉族大量迁入之前，成为开远第二大民族。开远现在的苗族村庄有七十六个之多，云南第一大苗寨也在开远。

之所以唠唠叨叨，说了不少开远的民族历史，还是想回到土鸡米线这个话题。因为土鸡米线是开远各民族共同的美食，包括对饮食禁忌看得很重的回族同胞。昆明的大酥牛肉米线，各民族共爱，是清真美食的普及。开远土鸡米线成为开远乃至红河州各民族的共爱，却是

这个美食对包括回族在内的各民族的涵盖。仅此一点，就能看出开远这个民族大家庭的亲密与和谐。

其实，开远美食，不但有各民族都喜爱的，还有连外国人都喜欢的，这就是开远小卷粉。开远小卷粉，说中餐小吃可，说西餐也可。小卷粉，类似广东的肠粉，但吃法大不同。米浆在平底铛上摊成米皮，肉末和腌菜炒熟作馅，卷成条状，挂上鸡蛋糊，下油锅炸，炸到微黄，蘸椒盐面，现炸现吃，有点像油炸春卷，但面皮却是米浆制成。这款小吃在开远延续了一百多年，从修建滇缅铁路时就有了。开远是滇缅铁路一个重要的换乘站，因为开远有云南最大的煤矿。列车都是在开远加水添煤。滇缅铁路是法国殖民者强迫清政府出卖路权修建的，修滇缅铁路，开远是最大的后方基地，法国人在开远建盖了不少房子，包括办公楼、医院、别墅之类。当年在开远的法国人有多少，不好说，但肯定不少。开远有一个法国公墓，埋了二百多个法国人，以此推算，常年在开远的法国人至少数百人。法国人吃中国的小卷粉，软软的，不习惯，要求炸了再吃，于是开远便有了这款与别

处不同的小吃。别看地方小，小吃不小。

　　开远还有一样好东西，甜藠头，在云南名闻遐迩，几乎到了说甜藠头，就想起开远的地步。甜藠头是极好的粥伴侣，酒喝多了，肉吃腻了，一颗甜藠头，解酒解腻，百试不爽。到开远，走的时候，想买点地方特产，这东西最相宜，自己吃，送人，都行，不贵，还有特点。也许，吃甜藠头的时候，便会想起开远的小卷粉，开远的土鸡米线，那可就是多重的念想了。

元阳

——一碗红米线

米线多是白米做的，因此色白。但是也有红色的，红米线。

红米线是用糙米做的，糙米是保留了稻谷皮层和胚芽的米，因为皮层发红，所以也叫红米。红米粗糙，但是含有更多的营养，包括蛋白质、脂肪、维生素和纤维素。用红米做米线，自然也包含了更多的营养成分。在云南，流行红米线的地方主要是元阳，所以提起红米线，都说：

"噢，元阳红米线，好吃！"

元阳最有名的风光是哀牢梯田，因为这个梯田是哈尼族人筑成的，所以也叫哈尼梯田。哈尼梯田收获的稻米，大部分加工成红米，用红米做米线，是哈尼族人的专利，也可叫做哈尼米线。

哈尼族是云南人口较多的一个民族，主要居住在红河哈尼族彝族自治州。哈尼族在古代是乌蛮的一部分。唐代之后，由于经济发展水平不同，乌蛮内部开始分化。

哈尼族和彝族关系紧密，因为千年以前同属乌蛮群体。哈尼族独立出来的主要原因，据学者研究考证，是唐初时，红河一带的经济发展水平已经明显高于曲靖陆良一带。到宋代，傣族人口从西双版纳进入红河，在傣族的影响下，哈尼族人开始种稻谷，社会经济转型，发达程度更较当时陆良一带以种旱地，辅之养羊打猎为生的同胞们高了许多。久而久之，最终成为一个独立民族。中原王朝因此不称他们为乌蛮，而称和蛮。傣族种稻，是因为他们所居住的地方都是坝子，云南人所说的坝子，是山间的小平原、小盆地，能够灌溉。但是哈尼族人居住的地方都是高山峡谷。为了种稻，哈尼族人便开始了

梯田的建设。红河一带，哀牢山南段，山峦虽陡峭，但山有多高，水有多高，不用提水灌溉，高山梯田，仍然能够实现自流灌。宋代之后，哈尼族已经成为一个完全的稻作民族。哀牢梯田也成为哈尼族的民族标记。

哈尼族人为什么喜爱吃红米，因为他们认为红米的种子是上天赐予的。哈尼族传说，最初，哈尼族人没有稻子，只能吃荞麦。祖先有一条狗，是神犬，上天给哈尼族人求来水稻种子，神犬背在背上，返回哈尼山。回来的路上，要经过银河，河水湍急，上岸时大部分种子都被冲走了，只剩下尾巴上还粘有两粒红米种子。哈尼人从此便开始种植红米、食用红米。虽然是一个传说，从中却可以体会到哈尼族人对祖先的追思和对红米的情感。

米线在云南是各民族共同的食物，各民族都有自己的米线，傣族的撒苤米线、汤锅牛肉米线，彝族的春鸡米线，白族的生皮米线，壮族的酸汤米线，景颇族的烧肉米线，都是有名的民族美食。哈尼族也有自己的米线，

墨江的牛炒烀米线，元阳的红米线，就是哈尼米线的佼佼者。不过，元阳红米线，和其他米线还不能并列在一起，因为，红米线只是糙米做成的米线坯子，不是烹饪完成，出锅入碗的米线。红米线是能做成各种各样口味的米线的，羊肉米线、牛肉米线、鸡肉米线、豆花米线，等等。所以说，红米线是一筐米线，不是一碗米线。

红米线的成品有两种，一种是干米线，一种是鲜米线。两种米线吃法一样，口感二者也无异。只不过干米线要先经过泡发回煮，过水漂净，再经烹饪。干米线的优点是保存时间久。在元阳吃米线，诸多种类，其中羊肉米线为多，还有一样，别处少见，狗肉米线。红米线是干浆米线，条细。虽然是糙米做成，但筋道一点不比白米线差，甚至稍强。

在元阳，吃红米线最为隆重的时候是过节。哈尼人有一个重要的节日，叫"埃玛突"。"埃玛突"是祭寨神的日子，这个日子里庆祝活动的最后一项，是长街宴，也叫街心酒。全寨子男女老少都聚在一起，小的寨子，几十张桌子，大的寨子，几百张桌子，一张一张连接起

来，各家各户将自家最好的菜肴和美酒摆到桌上，谁来吃都热情欢迎。哈尼族人淳朴，哪家的菜最好，酒最美，哪家就最体面。所以，各家各户都倾其所有，力求其好。长街宴往往是一年当中最为美味的一顿饭。鸡鸭鱼肉不用说，菌子、木耳、野菜、酸笋，碗碗飘香。凉拌红米线，往往是各家桌上最重要的一道菜。现在，元阳为了发展旅游，已经将长街宴办成一个旅游项目，游客可以自由参加，这是了解哈尼民俗、食俗最好的机会。如果此时来到元阳，一定能在长街宴上吃到最正宗的凉拌红米线。

哈尼梯田，不但生产出了最美好的红米，自身也是一道无比亮丽的风景。到元阳，吃红米线还是次要，看梯田才是最紧要的。哀牢山高且陡峭，哈尼梯田顺山而筑，坡度大多在四十五度以上，最大坡

度七十五度，想想都觉得不可思议。有的山坡，梯田从谷底到山顶，层层攀高，竟达到三千级，不到实地看看，没有人相信。

哈尼梯田，并非元阳独有，绿春、金平、红河也都有哈尼梯田，但是，元阳却是这片梯田的核心区。元阳几乎没有平地，所有农田都是梯田，十七万亩之多。而且，在元阳看梯田，日出之景，日落之景，月光之景，都有好视角。不少人看了元阳梯田，梯田就在眼前，还是不敢相信,世间有这么美的地方？莫非是幻觉？梯田如此美丽，如此魔幻，不看不知道，看了也不敢相信。怎么看，都不像现实，像是图画。说它是版画，是；说它是油画，是；说它是水彩画，是；说它是国画，也是。说它是鬼斧神工、魔幻世界，都是。到元阳，看哈尼梯田,是真正的美的享受。

元阳梯田，一天是看不全的，因为景区多，多依树看日出，坝达看日落，还有老虎嘴、龙树坝、哈播，想都看完，得住个三四天。怎么也得吃十多顿饭。除了吃红米线，如果对元阳哈尼食俗感兴趣，还可以尝尝别的美食。

元阳哈尼美食，有几样是很特别也很美味的，而且包含了哈尼族的民族文化在内。

比如炸蚂蚱。元阳哈尼族，有一个特殊的节日，"抓蚂蚱节"，哈尼语叫"阿包念"。每年阴历六月某一个鸡日或者猴日，过"阿包念"。过这个节，男女老少齐上阵，一早起来，到梯田里抓蚂蚱，每家要抓一竹筒。抓住了，还要肢解蚂蚱，摆在田埂上，恫吓其他蚂蚱。之后将蚂蚱带回家，炸蚂蚱，下酒，过节。这个节日，其实是为保水稻不受或少受虫害的一种宣示。你吃我的稻子，我就吃你。不过把抓蚂蚱也过成一个节日，这种风俗还是很有意思的。

比如虾巴虫。虾巴虫是蜻蜓的幼虫，哈尼族人吃的虫子很多，虾巴虫易捕捉，所以常吃。虾巴虫从水中石块地下抓出来，放在篓子里，回家取出肠子，漂净，油炸、炒鸡蛋，香脆。哈尼族人喜酒，虾巴虫就是哈尼族人下酒的好菜。

白旺。元阳哈尼族的还有一样美食叫"白旺"。旺即是血，白旺，是纯净不掺其他东西的旺。做法简单，杀猪或杀羊，取其血，拌以姜水、蒜水、盐调味，搅匀后，用冷水激之，成大块状，用勺舀食，白旺类似汉族的凉粉，不过是以血制成，如果有兴趣，看梯田之余，可以尝尝。

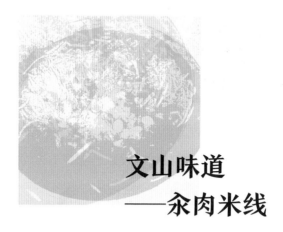

文山味道
——氽肉米线

红河州之东，是文山壮族苗族自治州。因为地处边疆，且紧邻广西，历史上有时划给广西，有时划给云南，直到民国时才稳定下来，新中国成立后，成为云南八个自治州之一。文山州的州府便设在文山市。

历史上，文山人口稀少，雍正时方才建县，但不是独立的，是开化府的"附郭"，虽然是"附郭"，但是毕竟顶了一个县的名号，要有一个名字，别处的地名多由地域名称、地理位置或历史延续而来，文山不是，雍正年间设县，当时的地方官请算卦先生给算算。算卦先生用易经中贲卦和大畜两个卦推演，结论是"取诸贲而得文之源，取大畜而知山之固"，于是取名文山。这个名字，给文山注入了一点文化气息。

算卦先生算得还是很准的，文山近代文气蒸腾，出了不少人才。最有名的，一个是大书法家、大翻译家楚图南，一个是被毛主席称为"狂飙诗人"的柯仲平。这点文气，不但让文山近代教育搞得有声有色，而且文山的饮食文化也可圈可点。举两个例子，汽锅鸡的发源地是建水，但是三七汽锅鸡的发源地却是文山，就因为汽锅鸡里添加了一味中药，就成了一款新的高档菜肴。云南省高档筵席，上一道汽锅鸡，上的往往是三七汽锅鸡，向客人介绍时都要说，我们云南的文山是三七之乡，这个菜是滇菜药膳的头牌菜。以花为肴，在云南不稀奇，芭蕉花入菜，也不稀奇。但是文山的芭蕉花炖红烧牛肉，却是一道传奇的现代军旅菜。20世纪

80—90年代，对越自卫反击战期间，驻扎在文山的部队官兵，青菜常常供应不上，吃罐头实在吃不惯，有的炊事员便采花当菜。文山地区的芭蕉多，芭蕉花多的是，拿来炖罐头红烧肉，结果这道菜不但格外鲜，而且清凉降火，能治疗嘴角溃烂，大受欢迎。部队换防，但是这道菜却成为文山地区的保留菜目。有外地客人到文山，文山人往往拿这道菜招待。顺便说说这道菜的来历，这道菜便多了点文化气息。这个文化，说的是军旅文化。

最能代表文山饮食文化的，还得说是米线——氽肉米线，这是文山独有的米线。即便在省城昆明，也能排上名次。文山人在昆明开氽肉米线馆子的不少，哪个店都开得兴旺。说起来，文山的米线种类相当齐全。鸡、鸭、鳝鱼、肥肠、羊肉乃至菌子，自不必说，别处少见的马肉、驴肉、骡子肉，在文山也入米线行列。但是文山人最常吃，也离不开的，是氽肉米线。

文山人吃米线，常说，去吃早米线。米线就是米线，何以叫早米线？原来文山人吃饭，有定式：早上吃米线，一般饭店，到了中午，热气腾腾的米线就没有了，而是吃凉的，凉鸡、凉卷粉等，连米饭也凉吃，叫酸菜饭。这与文山气候有关，亚热带气候，早上凉，吃热米线，中午哪怕是冬天，都热了起来，吃凉不吃热。讲究的，中午这顿饭，凉鸡，凉卷粉，酸菜饭都有。晚上，太阳落山，天又凉了。回过头来再吃热的，最好的文山晚餐，是三七汽锅鸡、三七须炖乌鸡，再讲究的，三七炖乳鸽，美味且滋补。这是文山人的生活饮食习惯。

早米线几乎都是氽肉米线。为什么？第一，不少文山人有喝早酒的习惯。早上起来，慢慢悠悠踱到米线馆，来一碗米线，一碗苞谷酒，坐下来，开吃开喝。但是，米线如何能当下酒菜，于是便有第二，文山氽肉米线的吃法特别。文山氽肉米线汤是骨头汤，但这骨头汤里，加了豌豆，炖出来的汤就有了豌豆的清香，浓而不油，鲜而不腻。这还不是主要的，主要的是为了早米线配早

酒，给米线准备了不少配菜。主要是各色肉品，里脊、腰花、猪肝、猪肚、小肠、猪脚筋，摆成一排，任君选择，各选一点儿，凑成一盘。下到滚烫的米线碗里，吃时再捞起，已经烫热。要想长时间保温，除了是滚汤，还得是宽汤，蒙自米线碗大如盆，文山也小不到哪里去。这是花钱另点的。还有免费的，装在大盆里，自取，想吃多少取多少。一个是血旺，一个是盐发猪皮，昆明人说的叶子。不想再花钱，又要下酒菜，这两样就足够了，够经济，够实惠。这是肉菜。文山早米线的另一个特点，是调味品和配菜丰富，一般米线店，都有条案一张，各色调料盒配菜罗列开来，煞是壮观。花椒、芝麻、葱花、芫荽、蒜泥、胡椒、姜粉自不必说，光辣椒，就有油辣椒、糊辣椒、酸辣椒、小米辣。各色蔬菜也应有尽有，芹菜、黄豆芽、绿豆芽、豌豆、白菜、韭菜、薄荷、酸腌菜，大盆装，任君择取，不另埋单。喜欢羊肉的，有专门的羊肉米线店，照样有肉品，嫌碗里羊肉不够，也可以另外再要。云南人认为羊肉是热身的，羊肉配烧酒，热上加热，冬令时节，文山羊肉米线店一个赛一个热火。即使早春季节，也很拥挤。文山世居民族中，除了西南

土著的壮、苗、彝、瑶、傣、白和汉族，还有相当数量的回族和蒙古族。文山的回族和蒙古族，都是元代才进入的，文山的蒙古族人口数量仅次于玉溪，回族和蒙古族是消费羊肉的主要群体。

说是早米线，时间却不早。在外地人看来，文山人多少有些懒散，上午九点才慢慢踱到米线店的大有人在，早米线能吃到十点半，快和午饭接上了。相应地，文山人的午饭和晚饭也都往后拖。广东人吃宵夜的时候，有的文山人才开始吃晚饭。任何初到文山的人，对文山早米线都会有深刻印象。试想，一个旅行者，到了文山，早上起来，进饭店吃早点，看见店里很多人面前一大碗米线，诸多肉品，手持一杯酒，旁若无人，小口慢品，可能会有错觉，以为是晚饭时间。那印象能不深刻么？待到自己的米线端到桌上，呷一口汤，立刻被那鲜香的汤味吸引，吃一口米线，精细滑爽，回味无穷，抬眼条案，诸色菜品罗列，色味俱佳，对文山早米线定会另眼相待，暗自佩服。

　　文山美食，不止一个早米线，文山火锅、文山烧烤都有特色。就说火锅，羊肉火锅、牛杂火锅常见，有多少人吃过骡子肉火锅、马肠子火锅？当然，最具文山特色的美食，是三七汽锅鸡。三七根、茎、叶、花均可入药，三七汽锅鸡所用为三七花与三七根。云南是中药王国，很多中药材名气大，三七即是。三七味苦，苦中作乐，别具一格。到文山，早上一碗早米线，晚上就吃三七汽锅鸡。

广南壮味酸汤米线

　　文山米线，最重视佘肉米线，广南人最爱的是酸汤米线。酸汤，在壮语中叫"巴夯"，所以也可以叫巴夯米线。酸汤是怎么做出来呢？是菜酸与米酸的结合。贵州人做酸汤，主要有三种，一种是红酸汤，一种是白酸汤，还有一种是酸菜汤，酸萝卜汤也可以归纳在酸菜汤中。红酸汤是用毛辣果，一种野生番茄经过发酵做成的；白酸汤是将米汤发酵做成的；而酸菜、酸萝卜，是经过腌

制发酵而成的。广南的酸汤，是米汤酸与菜酸的结合。用米汤泡菜，菜用青菜、野菜、水芹菜等，青菜，在昆明叫小米菜，有的色青，有的色红，色红的，叫红青菜，发酵后的酸汤，呈现粉红色。

米酸和菜酸的结合，使广南酸汤酸得圆润，咽下回甜，用这样的酸汤煮米线，不油不腻，酸香宜人。酸汤米线，可以加帽子，最普通的是加酥肉，也就是裹了粉糊的油炸五花肉片。也可以用油炸猪皮或盐发猪皮做帽子，这是叶子酸汤米线。无论是酥肉、叶子做帽，和巴夯鸡一样，都是广南人日不能缺的家乡美食。

酸汤米线如此诱人，广南人拿来招待客人，自觉很有面子。在广南的旅游胜地坝美，每个包食宿的农家乐，招待客人的第一顿饭，一般都是酸汤米线。近年来，坝美旅游日渐火热，知晓广南酸汤米线的外地人也越来越多。酸汤米线和世外桃源联系在一起，多了几分浪漫色彩。

广南饮食文化的发达，是有历史渊源的。广南在古时是句町国的都城，宋元之后，壮族侬氏土司的土司府驻在广南，管理的地界包含现云贵两省交界的大片土地。清朝改土归流，设流官，广南仍然是府城。作为一个地方的中心所在，饮食文化的持续繁荣便是自然，这是历史传承。另外一个重要因素，是民族间的文化融合。明清两代，汉族移民大量进入广南，与滇东北、滇中不同，广南近广西，汉族移民以两广为主。粤人向来善烹饪，两广汉族移民的到来，与当地壮族形成了特有的文化碰撞和相互吸收，促使广南饮食文化异常发达。侬氏土司府和流官府的官府菜，繁复精致，有十大碗、三滴水等诸多花样。稍微有钱的人家，由向往到仿效，逐渐流传开，以至到今天，仍然沿袭不断。现在，广南百姓家，如祝寿，如婚庆，如年节，十大碗是少不了的，称为"平头菜"。三素七荤，鸡鸭肉蛋一起上，如此奢侈，如此讲究，在别处壮乡很少见。而且广南饮食圈里，还有一个极特殊的现象，叫言子话，比如客人进店，点菜，点一个红烧肉，堂倌当即喊菜，告知后厨。但是堂倌不说红烧肉三个字，而是高呼"万紫千，独领风，屠户卖"。厨师便知道，这是客人点了红烧肉。店里此起彼伏，呼声不断，是广南又一风光。

除了筵席菜，广南的小吃也相当发达，种类繁多，口味各异。酸汤米线只是其一。广南的早点，很容易让人联想起广东人的早茶。其中一味，即便拿到广州的高级茶楼，也可独领风骚，粽粑。粽粑色灰黑，貌不惊人，然而清香、醇香、腊香、米香、油香、豆香融为一体，软糯，却耐嚼，食时满口充盈奇香，因而叫九香粽粑：糯米香、草果香、茴子香、八角香、苏子香、腊肉香、绿豆香、花椒香加上竹叶香。粽粑是汉族人的叫法，壮语叫做"扣芳"。之所以与一般粽子不同，除了添加诸多香料，最主要的是加了草木灰。糯谷草和苏子杆烧成灰，拌入泡好的糯米之中，与诸味香料一起搅拌均匀，以腊肉、绿豆为馅，慢火煮熟。其他地方吃粽子，都是在端午前后，广南人

却天天以粽为食。除了粽粑，还有褡裢粑、面蒿粑，各有特色。

广南的腊肉火锅也是一道名扬文山的美食。腊肉切成大片，用干菜做底，味道格外足，分外大气豪放。有菜不能没有酒。广南有好酒，那榔酒。那榔是地名，一个村子，出酒，以村名为酒名。那榔酒以八宝米为基，泉水为液，小曲发酵，米香型。广南人几乎不喝别处的酒，即便是茅台、五粮液，也抵不过自家的小土酒。当地人对那榔酒很自豪，"一张桌子四角方，八盘四碗摆中央，两杯那榔吞下肚，大物小事好商量。"

广南不但有美食，还有美景，坝美被称为"世外桃源"，所以景区以坝美命名。之所以如此称呼，是因为坝美太像陶渊明描述的"世外桃源"。坝美四周环山，要想进入，只有两个水洞可以往来。这两个洞，是暗河的出口，清清的水从洞中淌出，形成一个小小湖泊，洞的那边，便是坝美。而且洞是三暗三明。坝美如同一个巨大的碗，处于群山之间，洞口清水徐徐，岸边桃花红艳，远处翠竹掩映，农舍杂处其间。流水、桃花、翠竹、茅舍、田野，交错在山间的坝子里，构成一幅天然图画。据说，六百年前，为逃避灾祸，坝美人的祖先从广东逃到云南，落脚于坝美。因为这里除了一条暗河通向外界，无第二条出路，不知晓的人，不会知道，暗河那边，还有一个村寨。于是和战乱、灾祸隔绝。从此他们世代生活在这与外界半隔绝的地方。现在，坝美已经是云南旅游的一个热点景区，来坝美旅游的游客，不但能看到世外桃源般的美景，也能尝到广南的各色美食，当然，也包括了广南的酸汤米线。

广南是云南省历史文化名城。这个称号的背后，有

其历史与文化的深厚积淀。壮族是古代百越中骆越的后裔。铜鼓是骆越文化的代表符号，文山是中国有名的铜鼓之乡，广南是铜鼓之乡中最具代表性的地方。中国古代南方民族文化，多数与铜鼓有着密切联系，如同中原的钟鼎，铜鼓在百越民族中具有崇高的地位。现存于世的铜鼓和考古发掘出来的铜鼓，两广和云南居多，以县来统计，广南县留存的铜鼓数量最多，种类最全。文山州现存铜鼓138面，广南就有41面，上至春秋，下至现代，已经发掘出土的八种铜鼓类型，广南就有五种。说广南民族文化深厚，仅此一项就独占鳌头。到广南，看完坝美，不妨到广南民族博物馆看看这些铜鼓，顺便看看广南文庙、侬氏土司府和柯仲平纪念馆。再吃一顿巴夯鸡和酸汤米线、粽粑，您就再也忘不了广南这个世外桃源。

到丘北
——吃一碗麻辣鸡米线

　　丘北有个地方，名普者黑，是著名的旅游区，有千亩荷花，每年花开时节，各地游客涌向普者黑。过去还只是云南各地游客，随着普者黑名气越来越大，全国各地的游客也来普者黑看花，而丘北人因此要用各种口味的饭菜来招待这些客人，所以丘北的饮食业这些年可以说是百花齐放，各种流派都能在市场上占据一席之位。就说米线吧，在文山州，米线花样最多的就是丘北。焖鸡米线、排骨米线、牛肉米线、酸汤米线就不用说了，文山流行的毛驴肉、骡子肉，在丘北也不缺席。至于小锅米线、卤鸡米线、小黄牛肉米线、过桥米线、肥肠米线，在丘北也都能吃到。但是，最多的还是丘北自己的当家米线——焖鸡米线、麻辣鸡米线、酸汤鸡米线，可以叫"三鸡米线"。

鸡，在丘北极受重视，弥勒人吃鸡，也就一个卤鸡，到了丘北，却能吃出诸多花样，而且各具民族特色。丘北是民族之乡，壮族、彝族、苗族

是三大民族，此外还有白族、回族、瑶族等。一只鸡，壮族人拿去，十有八九用酸汤青菜煮成巴夯鸡。巴夯，壮语是酸汤的意思，巴夯鸡就是酸汤鸡。做巴夯鸡，用的菜是野菜，因此，这个鸡野味十足。苗族人拿去，用草药炖，小黑药炖鸡。小黑药，也叫草本三角枫，是云南独有的草药，具有祛风湿、壮筋骨的功效。丘北人称之为小黑药，用以炖鸡，苦中蕴香。这只鸡，是丘北苗族菜的典范。彝族人拿去，最简单，配盐辣椒汤，土鸡砍块，炖熟即食，清炖鸡。丘北有好辣椒，说是清汤鸡，其实是辣汤鸡，丘北彝族的辣汤鸡，突出了丘北辣椒的油香味道，彝风彝韵。汉族人拿去，要么做成黄焖鸡，要么做成麻辣鸡。文山是草果之乡、八角之乡，丘北黄焖鸡，调味料中，这两味是最重要的。麻辣鸡，是在辣中添加了麻，但是麻味比起川菜的麻差了很多，可以说是绵柔型麻辣鸡。

各地有各地的鸡，也各有各的米线，因此，在丘北，吃米线，吃得最多的，就是鸡米线。焖鸡米线、麻辣鸡米线、巴夯鸡米线（也就是酸汤鸡米线）。其中，味道

最特殊的，应该是麻辣鸡米线。云南味道，常无麻味加入，这一点，与川菜拉开很大距离，以麻辣鸡做米线的，大约只有丘北。而且丘北人吃麻辣鸡米线，麻辣鸡是不放在米线里的，单独用一个小盘子盛着，与开远土鸡米线的吃法一样，食客自便，你要倒进米线里可以，你要一口米线一口鸡也可以。麻辣鸡单吃，

麻辣味更浓，这是很多丘北本地人的吃法。至于米线的配菜配料，与文山余肉米线一样，摆在条案上，自取自用，姜水、蒜水、葱花、酱油、盐、花椒粉、胡椒粉、胡辣椒、油辣椒、酸菜、韭菜、豆芽、白菜、芹菜、薄荷等，一应俱全。

丘北米线种类多，和它是一个热门旅游区有关。游客来自四面八方，饮食口味便杂。四川人来了，吃一碗麻辣鸡米线，感到很适口。广西人来了，吃一碗巴夯鸡米线，很亲切。北方人来了，吃一碗黄焖鸡米线，也有似曾相识的感觉。客人多了，饮食品类跟着多，这是适应市场需要。

客人们来丘北，来普者黑，看什么来了？看山看水看洞看花，吃鸡吃藕吃鱼吃虾。普者黑一年四季都有景。万顷湖泊绕孤山，千亩荷花紧相连，十年大旱水不干，百里暗河是水源。每年荷花开时，各地游客云集丘北，赏花客、赏水客、赏洞客、美食客，挤成一团，公路堵塞，住房爆满，饭店断档，人比荷花多，很多客人连饭都吃不上，只好以方便面充饥。这个盛产鱼虾的地方，客人多到把鱼虾全部吃完，还得从外地往丘北运。除了赏花看山水吃美食，还有一个高峰，彝族的花脸节，俗称摸你黑。摸你黑，原本是彝族青年男女表达爱意的一种方式，小伙子看中姑娘，或者姑娘看中小伙子，趁对方不注意时将锅底灰抹到对方脸上。谁脸上抹得越黑，就说明谁最受异性喜爱。不过现在已经突破原本意义上的抹花脸，到普者黑旅游的游客也参与其中，变成一个寻求欢乐的水乡狂欢节。很多外地客，就是奔着这个来的。

普者黑山水相连，山、水、花、洞齐备，千亩荷花之外，是一个大景区，荷花只是其中一景。大景区内，有两个瀑布，一个是歹马，一个是革雷。歹马河是暗河连明河，四级瀑布，一级在洞内，二级在洞口，三级扭着弯往下落，四级飞瀑直下，短短四级瀑布，落差83米，洞里洞外呼应，声震山谷，惊心动魄。还有冲头云海，秋冬两季，南盘江河谷蒸腾起的云雾沿山势爬坡，在山箐中飘移，形成大片云海，云雾幻化，千奇百怪，冲头云海因此成为摄影发烧友的最爱。冲头东距锦屏80千米，革雷西距锦屏55千米，歹马南距锦屏70千米。就在这东西150千米，南北100千米的范围内，五十多个湖泊碧水相接，三百多座山峰星罗棋布，湖水、瀑布、山峰、暗河、云海，构成一个美不胜收的丘北。

丘北美食，有本地特产支撑。文山各县都有特产，丘北的特产是辣椒。与富宁八角、马关草果，合称文山三味。四川人缺了花椒不会做菜，云南人不用

171

别的调料，有这三味，就能过日子。丘北辣椒如何好呢，干辣椒，什么也不用添加，就捣成辣椒粉，平铺到纸上，过一会儿，把辣椒粉抖掉，纸上就会留下油渍。专家的评论是：个小、肉多、色艳、皮辣、籽香、油大。辣椒是特产，更是丘北人主要的日常食物。无论哪个民族，都能用丘北辣椒做出有自己民族特色的各色美食。丘北除了三鸡米线，烤全羊、清汤鱼、醉虾、脆藕在省内也都名闻遐迩。到丘北，有美景，有美食，来吧，也看看摸你黑的盛况，吃几顿丘北民族美食吧。

尝尝普洱花生汤米线

　　花生，是中国人常食的食物，一般都当零食和下酒菜，也有进入菜肴的，比如宫保鸡丁。您一定吃过油炸花生、水煮花生、五香花生、椒盐花生、鱼皮花生，但您吃过磨成糊状的花生汤吗？大约没有。因为花生汤这种吃法范围很小，只流行于云南的普洱。注意，这不是说整粒花生煮成的汤，而是磨成糊状的花生汤。整粒花生煮汤，福建、广东都有，云南其他地方也有。但是花

生磨浆熬成汤，只有普洱人有这个习惯。普洱人用花生汤做什么？花生汤米干或花生汤米线。在普洱，这是当地最受欢迎的早点。要问这个米干或者米线是什么口味，那就得您亲自尝尝了。

云南人吃米线，是人人吃，天天吃，但吃米干只局限于普洱和西双版纳两个地方。米线是大米做熟挤压出来的，是圆条状。米干是先做成米皮，之后切成的，是扁条状。做法不同，形状相似，相较于米线，米干更为软糯。很多外地游客第一次见到米干时，认为就是米线，直到端过碗来，细细观察，才晓得有圆扁之分。

花生汤米线和米干，与一般米线最主要的区别,是汤料有别。一般米线，汤料用的是鸡汤、骨汤、肉汤、菌汤之类，都是清汤，但是花生汤米线和米干用的是花生磨成的花生浆，那可是稠汤。

花生泡发，可去红皮，也可不去，红皮有营养，留着。泡发好，加水磨浆，煮熟便是花生汤。不去皮的花生汤，呈粉红色。花生汤的浓稠度要适当，这与加水多少有关。太稀味道不足，太稠口感不好。花生汤调味，多种方法，有用盐的，有用卤腐的。米线可煮可烫，米干一般都是烫。烫好，浇上滚烫的花生汤，加入配菜即可。配菜中用得最多的是韭菜和豆芽，也有加入肉酱、腌苤菜根、腌菜末的，随意。花生汤米线的汤自然黏稠，却有一股清清的花生香味，不是那种油炸花生、五香花生的浓香，随着米线米干咽下，喉咙会感到清淡中带着一股回味之香。这种感觉，吃其他米线是没有的。普洱人迷恋花生汤米干，多数是迷恋这种清香味道带来的口腔快感。

普洱人不但吃花生汤米干，还吃豆汤米干。豆汤米干是用豌豆做汤，做法与花生相类，只是换了主角。云南其他地方也有豆汤米线，但是不叫豆汤，叫稀豆粉。

花生汤米干，即便在普洱，也主要流行在思茅、景谷、宁洱几个地方，其他县就各有各的当家米线了。普

洱是典型的少数民族地区，之所以没有建自治州，最为可能的原因是民族太多，州的名字不好取。临沧有一个双江自治县，"双江拉祜族佤族布朗族傣族自治县"，这是云南民族自治县中名字最长的，再多一两个民族，大概就没法再排列。普洱民族更多，所以还是设市。普洱下辖的九个县都是自治县，宁洱和江城是哈尼族彝族自治县、墨江是哈尼族自治县、景谷是傣族彝族自治县、景东是彝族自治县、镇沅是彝族哈尼族拉祜族自治县、孟连是傣族拉祜族佤族自治县、澜沧是拉祜族自治县、西盟是佤族自治县。如此，普洱不设自治州，是有道理的。普洱是中国有名的茶乡，各县民族有别，共同点是每个县都是茶乡，茶叶是主要经济来源。不同的是各民族都有自己的风俗习惯，包括饮食习俗。思茅、景谷吃花生汤米干；到了墨江，吃牛烂烊米线；到了景东，吃杂酱米线；到了镇沅，吃牛肉米线。花生汤米线各县都有，但不占主导地位，大家各吃各的。

普洱这个名字因茶出名，人们一说到普洱，立刻想起普洱茶。但这个名字多少有些模糊性。先说茶。普洱茶并不一定是普洱所产，如果在外地，这是万万不可的。譬如龙井茶，杭州人一定要说杭州龙井。如果有人说，绍兴龙井、宁波龙井，杭州人要和他"打起来"。再譬如热干面，是武汉小吃，如果河南人说，郑州热干面，一定没人认同，肯定是假货。但是普洱茶不是。普洱虽然自为一市，但是西双版纳、红河、临沧、德宏这些地方所产的茶，一律叫普洱茶。普洱人没有意见，其他地方的人也认为理所当然。如果从茶上看，普洱被拉大到半个云南的地步。

而且普洱这个名字，在自己的地盘上也转了好几个圈，最后落在思茅头上。普洱市政府现在驻地思茅，因此思茅就成了普洱。普洱在历史上是茶叶集散地，商业发达，思茅原本只是一个小村子，大理国的时候叫思摩，元朝时改成思麽，明朝时改为思毛，清代改叫思茅，到民国才设县，思茅县。中华人民共和国成立后，成了地区所在地。本来就叫思茅地区，但前些年撤地改市，思茅名气太小，将普洱名字拿过来，当了市名。因此，普洱的地域概念从此清楚了，所属九县的共同名字叫普洱。

普洱最好的花生汤米干米线在哪里？一般认为，景谷的米干最好。景谷的米干好，是因为米好。不但籼米好，粳米好，糯米也好。景谷有一种米，叫景谷大香糯，据说又像粳米，又像糯米，黏性介于粳糯之间，有一股特殊香味。用大香糯做饭，一家蒸饭十家香。景谷的傣

族人吃饭，也很特别。一般汉族、彝族人家里都存米，吃时一煮便得。但是景谷很多傣族人不存米，存稻谷，吃的时候现舂。对汉族人一次舂出几十斤、上百斤，慢慢吃，还没有吃完就生虫子，很不以为然。米做的小吃，当然不止米干。节庆时，吃得最多的是糍粑，汉族的糍粑，很简单，一般舂完，捏成型即可，但是景谷傣族的糍粑，不少要包馅儿，有包白糖的，有包红糖的。吃的时候也不用锅蒸，而是包上芭蕉叶，用火烤，烤得软软糯糯的，芭蕉的清香、红糖的甜蜜与大香糯特有的香味混在一起，景谷人认为，这才是最好吃的。

花生汤米线米干、豆汤米线米干，在普洱，叫做国民级早点。到普洱，吃过花生汤米干，不妨再尝尝豆汤米干，那可是另有一番滋味。

米线新秀
——老仓醋米线

很多风味米线，最初都出自滇南，到现在，创新的欲望仍然在滇南涌动。最近创新的一款风味米线，又来自滇南的普洱。这就是以保健美容为卖点的新品——老仓醋米线。老仓醋米线，是米线新秀。这个米线的出现，与醋有关。

老仓醋米线出自普洱。老仓醋，是出自普洱的果醋。为了体现这个醋有保健美容功效，取名"美人醋"。吃

米线既能饱腹，还能美容，这个卖点找得好。所以，青睐这个米线的，首先是爱美的小姑娘，当然，也连带着把小伙子引过来。这个米线，还是个"一零"后，本身就年轻。

老仓醋米线，米线可不是酸的，是改良版的小锅米线，醋是另外喝的。所以，吃老仓醋米线，两个碗，一碗米线，一碗醋。米线是滚烫的，但醋要加了冰块喝，是冰凉的，吃老仓醋米线，可以体会什么叫"冰火两重天"。这感觉，小姑娘小伙子喜欢，老人家就有点畏缩了。因而，这个米线年轻，吃米线的人也年轻，可以叫做青春版米线。

说是改良版的小锅米线，有几个原因。一个是比小锅米线简约得多。配料只有末肉和韭菜，调味只用咸酱油和盐，其他如腌菜、豌豆尖、薄荷之类一概不用，因为这些东西味道太足，和美人醋不般配。不过，汤料是很讲究的，筒子骨汤，一如小锅米线。另一个，既然是普洱流派，则米线也不同于昆明，昆明的小锅米线用的是酸浆米线，老仓醋米线用的是干浆米线，不但有白米线，还有红米线。不但有米线，还有米干。去吃老仓醋米线，服务员先问，要米线还是要米干？如果要米线，再问，要白米线还是红米线？如果要米干，还要问，是全部都要米干，还是一半米干一半米线？都问清楚了，才去下米线。老仓醋米线，有白米线、红米线、白米线配米干、红米线配米干，这是其他米线所没有的。

云南很多米线出名，都是在昆明大放光彩后才名扬四方的，老仓醋米线也如此。如果从出现的第一天起，就只在普洱，肯定没有现在的名气，老仓醋米线从出现的那一天起，就开始在昆明布局。这里有人口基数的优势,更有大城市传播效应的优势。所以，老仓醋米线在昆明的知名度，比在滇南还要大。老仓醋米线以小锅米线为模板，大约也与此有关，容易捕获昆明人的心嘛。

老仓醋米线，突出醋这个亮点，如果醋不好喝，肯定米线也没有人吃。从这款米线推出伊始，就没有听说有不喜爱这个醋的。可见老仓醋，美人醋，招人喜爱。美人醋是果醋，果醋的特点是柔和，带有水果的甜味。以粮食酿造的醋，多数度数较高，酸味浓烈，老醋、陈醋尤甚。所以，果醋可饮。

云南的地理特点造就了立体气候，而立体气候，也使云南成为地球同维度地带的植物王国。水果种类极其丰富，也使云南果醋资源丰富。中国人食用果醋历史悠久，山西的柿子醋至少有一千年的历史，而云南人用水果调酸的传统，要更久远。云南很多民族的食俗都偏酸偏辣，用于调酸的，大多都是水果。白族善用梅子和酸木瓜，彝族善用树番茄，拉祜族善用多依果，傣族善用柠檬、菠萝，云南各民族对果酸的应用，几乎到了出神入化的地步。用水果做醋，在云南更是方便。水果多，原料丰富嘛。大理有梅子醋，而且有两种风味的，炖梅醋和鲜梅醋。玉溪有梨醋和樱桃醋。最奇特的，是普洱

人用茶和果酿制出来的茶果醋。再进一步，连果都不用了，近些年元江又推出了普洱茶醋，只用茶就能酿出醋来，这都是元江的创意。美人醋到底是什么果子酿制的，是商业秘密，不能打听，但是很好喝，是肯定的。

吃老仓醋米线，据说还有不成文的规矩，先喝两口醋，清清口，再吃米线，米线和醋要交替着吃，最后以醋收尾。一碗醋不够，可以再去打醋，哪个店的醋都不限量。一般老仓醋米线店，都有卤菜供应，鸡爪、鸭颈、牛肉冷片、卤蛋之类，配上美人醋吃，别有情趣。

到云南，想吃老仓醋米线，不用到普洱，昆明就有十多家店面，方便。估计离走出云南，进京入沪下南洋也不会远了。

墨江米线
——牛烂牸

哈尼族是一个人口较多的民族，在云南少数民族中，哈尼族人口仅次于彝族，位居第二。红河是哈尼族彝族自治州，普洱虽然不是自治州，却是红河之外哈尼族人口最多的市。不过，普洱哈尼族多数与其他民族混居。普洱各县都有哈尼族，且有四个哈尼族自治县，但其中三个是两族共治，镇沅是彝族哈尼族自治县，宁洱是哈尼族彝族自治县，江城也是哈尼族彝族自治，只有一个

县，是哈尼族自治县——墨江。墨江也
是中国唯一一个哈尼族自治县。

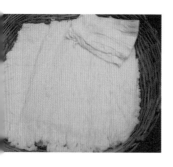

哈尼族是稻作民族，以稻米为主
食。吃米饭，也吃由稻米制成的米线、
米干。哈尼族人因为分布广，和各民族混居，食俗上难
免吸收"邻居们"的风俗习惯，包括饮食风俗。各地的
哈尼族人吃米线，都有自己的习惯。元阳哈尼族人吃红
米线，宁洱哈尼族人吃豆汤米线，元
江哈尼族人吃炸油米线。墨江哈尼族
当家米线是牛烂㹴米线。

牛烂㹴，与傣族的牛扒㹴有点像，
但是不完全一样。傣族的牛扒㹴用的
主要是牛肉，哈尼人的牛烂㹴，是一锅烩，牛腩、牛腿、
牛排、牛头肉、牛板筋、牛肚、牛肠、牛板油，全部都
用上。不过做法上相差不大，都讲究清汤，牛肉、牛肚、
牛肠之类，煮好，捞出来，切成块，切成片，汤再次烧开，
下进去开吃。牛烂㹴，汤可泡饭，肉可佐餐。如果吃米线，
汤煮米线，肉当肉帽，便是牛烂㹴米线。既然叫牛烂㹴，

听名字就知道，牛肉煮得烂，烂到入口柔软，不用费力咀嚼的程度。

牛烂㷄米线的汤是非常鲜的。味料和配菜很重要。葱、姜、薄荷是不能缺的，为增辣，胡椒和小米椒也是不可少的。要清汤，就不能有酱、酱油甚至料酒之类的调料，所以，牛烂㷄米线虽然是以肉为主，但是清鲜本色不变。吃牛烂㷄米线，那碗汤甚至重过米线，如果吃不完，米线可以不吃，汤是一定要喝完的。

墨江有好米线，因为墨江有好米。但是最好的米不是白米，是紫米。所以，墨江不但有白米线，还有紫米线。不过紫米是籼型糯稻，黏性大，用作米线的不多。但紫米营养丰富，补血补气，是极好的保健食品，紫米做成的粑粑饵块、紫米鸡，都是上好的美食。墨江紫米最好的作品，是紫米封缸酒。因为营养丰富，口感极佳，多次在国际比赛中获奖。特别是在日本，被视为最佳保健酒。

作为稻作民族，哈尼族人对稻米的情感非常深。这与哈尼族的历史有关。哈尼族和彝族、拉祜族一样，是氐羌系民族。祖先是古代的羌族，最早生活在今天的青海、甘南、川北一带，以游牧为生，是一个游牧民族。先秦时期，受秦王朝的扩张和挤压，逐渐南迁。最初迁到大渡河流域，这个时期，开始向农耕民族转化。由于耕地不足和气候等原因，汉唐时期再次南迁，进入滇南一带。受傣族、壮族等百越系民族的影响，农业耕作方式由旱作向稻作转移，创造了举世闻名的哈尼梯田。从唐宋开始，哈尼族人就成为一个来自北方，由游牧而农耕，由旱作而稻作的民族。一个既善于饲养牛羊，又能在高山梯田上种植水稻的民族。哈尼族的民间传说，也印证了这段历史。因此，哈尼族人对水稻情感的历史渊源，深刻地刻印在每一个哈尼族人的心里。这种情感，从哈尼族人的节庆风俗中就可以看出来。

哈尼族人的节日，与水稻和牛有关的就有三个。第一个是新米节，哈尼语叫"车什扎"。这个节日在水稻收割、尝新米的时候举行。最重要的仪式是以新摘下来的稻穗敬祖。然后吃新米饭，但是这个饭并不全都用新米，而是一半新米，一半旧米，寓意年年有余。还有一个环节，米饭做熟了，人先不吃，让狗先吃。为什么呢？因为哈尼族民间传说中，有一年，发大水，把稻谷都冲走了，连稻种也被冲走，这时候，有一条大黑狗冲进洪水，叼回几穗稻穗，有了大黑狗叼回来的稻穗，保留了稻种，哈尼族人才能继续种植稻子。为了感念狗的恩情，每年新米节，都要让狗吃第一碗新米饭。第二个是黄饭节，哈尼语叫"浩奢扎"。黄饭节是一个与春耕有关的节日。每年开春，布谷鸟鸣叫的时候，就到了过黄饭节的时候，预示该插秧了。至于哪天过节，由"贝玛"来定，"贝玛"是寨子里德高望重的长者。这个节日最主要的仪式是祭龙树，求龙树保佑全寨子嗣兴旺，四季平安。吃的食物是黄糯米饭和红鸡蛋。但是在吃之前，要先拿到梯田的边上祭田神，祈求田神保佑风调雨顺，水稻丰收。还有一个是吃牛肉的节日，这个节日叫六月年，哈尼语叫"苦扎扎"，节日的主要仪式是杀黄牛，每个寨子都要杀一头，牛肉拿来祭祀天神、地神和祖先神，之后牛肉在寨民中平均分配，人人有份，分而食之。这就与远古时哈尼族先人就有关了。哈尼族进入云南之前，就是牧牛人、牧羊人，后来才成为种植水稻的农民。为什么杀黄牛，因为水牛是梯田水田耕作最主要的畜力，而黄牛自古以来就是哈尼族人放牧的牲畜。杀黄牛祭天祭地祭祖先，是自古留下来的民族信仰和习俗。

如此说，墨江哈尼族人的牛烂烀米线，把米和牛肉做成一碗美食，最契合哈尼人的历史传承。

墨江地处北回归线上，在中国，是唯一一个北回归线穿城而过的城市。所以，墨江有"回归之城"的名号。墨江还有两口井，传说是双胞井，女人喝了这两口井的水，能生双胞胎。墨江全县人口才二十多万，双胞胎、三胞胎家庭就有两千多家，

这个比例太大了，所以墨江也叫"双胞之家"。每年五月，墨江都要举办盛大的双胞节，这几天里，不但中国，几十个国家的洋双胞胎都来到墨江，和墨江的双胞胎们聚会，这大约是世界上最奇特的节日之一。也因此，墨江的名气走出云南，走出国门，连带着墨江哈尼的美食也随之走出墨江，传到各地。这些美食不但有墨江的紫米封缸酒，墨江的虫子宴，还有墨江的牛烂炸米线。

西双版纳
——撒苤米线味道

　　人们吃米线，要求的自然是鲜香味道，但是也有不求其香，但求其苦的。有吗？当然有，到西双版纳，吃一顿撒苤米线，便可知道。苦味米线不但有，而且好吃，有人只吃过一顿，就十分心仪，为了再品傣味美食，而再赴西双版纳的。

　　撒，在傣语中的含义是"生"，撒就是生肉。生猪肉、生牛肉、生麂子肉、生斑鸠肉，乃至生鱼、蜂蛹、

蝉、蚂蚁蛋，均可做撒。最常见常吃的，有几种。猪撒，傣语"撒达鲁"。杀猪，将生猪肉、生猪肝一起剁碎，加入柠檬汁和盐，再拌上辣椒、生姜、茴香、野芫荽之类调味，和成肉泥状，便是"撒达鲁"。鱼撒，也叫"巴撒"，将小河鱼舂成肉茸，将野芫荽、折耳根、大香菜、小米辣和酸笋剁成末，拌合在一起。牛撒也叫"撒苤"，是傣家饭桌上常见的菜肴，在各种撒里，牛撒是最特殊的，因为牛撒也叫苦撒，拌料中除了辣椒、野芫荽等，还加入了牛的苦肠水甚至胆汁，苦而清香。

撒苤米线，是用撒苤蘸食米线。撒苤苦，米线自然也苦。很多第一次吃撒苤米线的人，都有入口苦，咽下后回甘，继而口腔出现一股说不出的清爽感觉，觉得新奇。很多吃惯了撒苤米线的云南人，还嫌不够苦，便让老板在苦撒中加入剁碎了的牛苦胆，苦肠水加上苦胆汁，苦上加苦，也更加清凉。在其他地方，认为苦胆怎么还能吃，杀猪杀牛杀鱼，苦胆都要小心翼翼取下，扔得远远的。到了西双版纳，都成了好东西，哪里舍得扔，连鱼苦胆，都是好佐料。

　　每个民族，都有自己的饮食体系和口味偏好，傣味最突出的味道是酸、辣、苦。酸果、酸笋、酸菜、小米椒、青壳辣、苦菜、苦笋等，是这个族群不可或缺的食材，酸笋、酸鱼、酸牛筋，苦菜、苦笋、苦撒，竹虫、沙蛆、蝉酱，烤鱼、烤肉、炸青苔，都是傣菜精粹。其中苦味是非常重要的味道。西双版纳地处热带，天气暑热潮湿，苦菜、苦笋、苦撒，都能给人以清凉的感受，消暑去湿，是货真价实的健康食品。

　　西双版纳是流行米干的，但是也流行米线，西双版纳米线独成一体，条形极细，甚至细到如粉丝般。米线越细，与调料结合越紧密，味道也越浓郁，撒苤米线正是如此。

　　撒苤是肉。因为这个肉，撒苤米线就分为两种。一种是真正的撒，无论牛肉还是猪肉、鱼肉，都是肉生。就是说，肉是生的。一种是供旅游者吃的，无论牛肉、猪肉、鱼肉，都要先炒熟，再拌合。这已经脱离了"撒"

的本意。到西双版纳的游客，多数吃的是并不正宗的撒。也有下定决心吃真正的撒的，吃完了，评价无一例外，还是正宗的傣味美啊。

很多人认为吃生肉是少数民族的饮食习俗，其实不然，在古代，这是华夏民族共有的美食。汉字里有两个字，"脍""鲙"，脍是生肉片，鲙是生鱼片。生肉片和生鱼片在中国自古就有人吃，而且是美味，连孔夫子都"食不厌精，脍不厌细"。在云南各民族中，以"脍"为美的，

可不止傣族，至少有十多个民族钟情于此，包括壮族、布依族、白族、哈尼族、拉祜族、景颇族、布朗族、德昂族、阿昌族、基诺族等。有的脍是"切"出来的，如白族的生皮、瑶族的鱼生。但很多时候是"剁"出来的，如哈尼族的牛肉剁生，傣族的虾剁生，这种剁出来的生肉、生鱼、生虾，都是撒。在云南品味民族美食，这个"脍"是绝对不能落下的。遇到肉生、鱼生、虾生、生皮、撒、白旺，那可都是"脍"，千万不要放过。遇到撒苤，一定要尝尝。撒不止西双版纳有，凡是傣族集中分布的地

区，如德宏、临沧、普洱等地都有，在昆明的傣味饭店的菜谱中撒也绝不会缺席。想要尝尝，很方便的。

傣味当中，除了撒，还有"喃咪"。喃咪也是傣族日常必用的蘸料。喃咪有荤有素，荤的，像螃蟹喃咪，素的，有酸笋喃咪、番茄喃咪，总有十余种之多。有一种特质喃咪，用开花青菜晒蔫后

捣成菜泥，加入清水，和入糯米饭发酵，变酸后挤掉残渣，将浓汁晒干，吃的时候化开，这种喃咪的味道尤其浓烈。吃米干、米线，吃饭团，喃咪都是上好的蘸料。小青菜蘸喃咪、薄荷蘸喃咪、炸牛皮蘸喃咪，酸酸辣辣，爽口，美味。到云南，品傣味，撒苤要尝尝，喃咪也要尝尝；苦撒要尝尝，柠檬撒也要尝尝，风光之旅融合美食之旅，如此才是完整的旅游。

景洪的另类美食
——包烧米线

　　傣族的烹饪方式，和汉族大不同。汉族人离开锅不会做饭，但是傣族人没有锅，照样生活得有条不紊。没有锅怎么做饭？能啊，火烤、竹筒、包烧、灰焐、剁生，没有锅，一顿饭，也能做得花样翻新，有滋有味。

　　诸多烹饪方法中，包烧占有重要地位。所谓包烧，就是将食材用植物叶子包裹起来，置于火上烧烤，包烧的对象，可以是鱼虾，可以是肉类，也可以是蔬菜、花草。

所用叶子，主要是芭蕉叶和木冬叶。傣族居住的地方，都是热带雨林包围的坝子。这些叶子，田边地角，随手可得。所以，包烧这个方式，最适合农田劳作间的饮食制作，无需锅灶，无需其他炊具，劳动之余，下河摸点小鱼小虾，田头扯点野菜野花，芭蕉叶到处都有，一片足矣。捆扎芭蕉叶，折几根香茅草便可。随身带着米，砍几根竹子，竹筒里装上水米，竹叶塞住。干柴干草点着，包烧鱼虾，包烧野菜，竹筒煮饭，没有锅灶也能吃得热气腾腾。包烧和竹筒，是从田间走来的美食之法，是傣族人的智慧结晶。

包烧的包，可以包含各种食材，在傣族人眼里，只要是能吃的，没有不能包烧的。鱼虾、鸡鸭、猪肉牛肉、菜蔬、花草、果实、菌子，皆是包烧的好食材。不过包烧的方式稍有不同。除了鱼和黄鳝是将调味食材填入腹中整条包烧，牛肉、猪脸等切块，大多是食材剁碎，与调味食材拌合后包烧。最大的好处，是将所烧的鱼肉蔬菜的本味完完整整保留在包内，各种食材味道进行内部

交换，相互浸润，绝不散逸。同时，在烧的过程中，叶子的清香浸入食材之内，为食材增添一股清香。

包烧所用调味食材，有几样是不能缺的：小米辣、葱、姜、蒜、芫荽、荆芥。包烧肉类，尤其如此。最具特点的，是包烧蔬菜花草。芋头杆、水蕨菜、竹笋、菜豆、南瓜尖、棠梨花、金雀花、苦刺花等，都是包烧的好食材，夏季菌子多的时候，包烧菌子更是美味。滇南地区，盛产芭蕉，芭蕉花是傣族人的日常菜肴，包烧芭蕉花，是常用的烹调方法。将花瓣和花蕾剁碎，拌合豆豉、荆芥、茎菜、小米辣、蒜片、姜丝、酸笋，如想荤吃，可拌入末肉，混合后，用芭蕉叶包裹，竹片夹住，放在火上烧烤，烤到芭蕉叶焦，肉菜皆熟，打开吧，虽然貌不惊人，味道却出奇的好，香辣清新。芭蕉叶包烧芭蕉花，那是什么样的结合？

第一次见识包烧芭蕉花的人，一定会感叹，一株芭蕉，能给人带来如此精美的美食，傣味奇妙啊。

包烧还能烧什么？米线。鱼肉花草与米线的结合，碰撞出来的，是另一种独具云南风格、傣族风味的美食美馔。

傣族的包烧，历史大概能追溯到史前时代，人类懂得用火的时候，大概这个烹饪方式就有了。比用锅灶的历史早得多。而傣族人如此精到的包烧技艺，至少也有千年以上的历史。但包烧米线的历史，只能追溯到近几年，在包烧家族里，历史最短的，大概就是这个包烧米线。包烧米线，是包烧的一个华丽创新。

包烧米线，自然米线当家，但配菜才是起关键性作用的。配菜的量，至少要与米线相当，那味道才足。和米线配合的，尽可在各色菜、花、草、笋、菌、肉、鱼、鳝、虾中选择搭配，调味则按照喜好的口味择而用之。

包烧之包，仍然是芭蕉叶和香茅草。无论包烧什么，除了取食物本味，还要借芭蕉叶的那股清香，这是包烧的妙处所在。

包烧米线最大的特点，是配菜、调料与米线的结合紧密，这是包烧之魂。各种配料的味道深深浸润于米线之中，才能造就别样鲜香。所以包烧米线一经出现，惊异一片。惊异之余，"克隆者"开始登场。于是出现了两种包烧米线。一种是初始状态的包烧米线，包烧所用，芭蕉叶。一种是延伸状态的包烧米线，包烧所用，锡纸。

虽然是锡纸包烧，但内容未变，不能说不是包烧米线。由于锡纸宽大，韧性大大优于芭蕉叶，一个包中，能够容纳更多米线与配菜，更适合商业经营，于是无论在西双版纳还是在昆明，锡纸包烧米线渐成主流，芭蕉叶包烧倒退回家庭，市场上少见了。

锡纸包烧米线，从进入昆明，就开始变身，米线不变，配菜大大突破傣味的范畴，花甲、肥牛、鸡肝、鱿鱼、毛肚、海虾，都进入包烧行列，和米线包在了一起，这也是与时俱进吧。

关键的是，你也不能说它不是包烧米线。到云南来，吃不到芭蕉叶包烧米线，吃锡纸包烧，也不错，都是包烧嘛。

傣族人的烧，不止一个包烧。譬如做鱼，最普通的办法是香茅草烤鱼。鱼去鳞，腹中塞满小米辣、姜丝、蒜瓣、豆豉，用香茅草捆扎，上火烤，皮焦肉嫩，香气扑鼻。还有一种烧，竹筒烧。竹筒饭、竹筒鸡、竹筒鱼、竹筒

黄鳝、竹筒野菜，如同包烧，几乎所有能吃的，都可以装进竹筒，放入火中烧，烧到青竹焦黄，烧成美味佳肴。云南是竹天下，甜笋、酸笋，都是傣族人日不可离的菜蔬。在笋的诸多吃法中，有一种是傣族独有的：笋包。笋包也是包烧，但是不用芭蕉叶，笋自身替代了芭蕉叶的功能，用笋包肉包菜，烧出来，笋味与肉菜合为一体，是另一种韵味。

云南是"米线王国"，米线是百变米线，也许，过不了多久，还会有新的米线烹法出现，拭目以待吧。

炣肉米线吃巍山

　　大理州是白族自治州，但是这个州里有三个彝族自治县：南涧、漾濞、巍山。从民族食俗上说，三个县各有特点。南涧有彝族跳菜，也叫"奉盘舞"，是中国非物质文化遗产。漾濞盛产核桃，品种多，产量大，以核桃为食材的菜肴丰富。但是以美食闻名的，当属巍山。巍山有两款小吃被云南人所津津乐道，一个是"一根面"，一个是炣肉饵丝。

　　饵丝和米线是同根生的"哥俩"，炔肉饵丝好，炔肉米线自然也好，哥俩好。巍山饵丝和米线以炔肉闻名，肯定是因为炔肉做得好、做得精，否则不会有这么大名气。炔肉，真正做到"炔"而不烂，汤味浓鲜，没有一番功夫、一定技巧，很难为之。巍山炔肉长久不衰，和巍山人对自身荣誉的爱护分不开，与用肉、烹饪各个环节都严格把关有极大关系。巍山炔肉，是不能用冻肉、隔夜肉的，必用新杀的猪，肉只用后鞧和带皮肘子，调味只用老姜与草果。为调和肉的口味，将土鸡、火腿与

肉同煮。肉多锅大，必是铁锅，慢火煨炖，用云南方言，便是"炪"。这个"炪"是一个借用字，"炪"本来是面饼的意思，但在西南方言中与形容软糯之意的字同音，暂且借用。粑多长时间呢？今天早上用的炪肉，昨天傍晚就要入锅，微火细粑，直到肉离骨、汤白浓、香气四溢时。

只有好炪肉，饵丝米线一般般，也难为美味，所以好肉还得有好饵丝、好米线。巍山有一种稻子，叫黄皮谷，成饭后软而不黏，加工成的饵丝、米线色泽白亮，柔韧且带有弹性。更为关键的是，新鲜。今早上用的饵丝米线，必是今日凌晨制成，绝不懈怠。此等饵丝、米线配上好炪肉，哪有不好的道理？

黄皮谷做的饵丝、米线，上好的土鸡、火腿、肘子肉汤，罩上软糯喷香的炪肉，舀一勺红红的油辣椒，撒上葱花、薄荷，

夹一撮烫韭菜、一勺酸腌菜、两条泡萝卜，汤色白，味浓香，饵丝米线柔滑，炆肉入口即化，难怪很多吃过巍山炆肉饵丝、米线的人念念不忘。

巍山的美食传统，说起来可就长久了。巍山作为南诏都城的时候，还没有昆明这个城市，大理城也是在巍山迁都之后才修建的。历史学家对云南文化形态的归纳是四个阶段：古滇文化、爨文化、南诏大理文化、以汉文化为主体的多民族文化。第三个文化阶段就始于巍山，因为南诏始于巍山。从这个角度审视巍山，就能知道巍山文化的底蕴何在。

魏晋南北朝之后，一度统治云南的爨氏衰落。唐初，洱海周边出现了互不统属的六个诏。最初的诏，可以理解为大的部落群体，但是自从南诏统一六诏，这个诏可就具有国家形态了。

巍山自古都是白族的先人白蛮与彝族的先人乌蛮交错居住的地方，二者关系是很近的，同系羌系民族。巍山在汉代是僰人建立的一个国，僰子国，也叫白子国，

最初的国王名为仁果，这个王，是汉武帝封的。到了中原的唐代，大概国内的乌蛮力量强大了，僰人难于驾驭，当时的国王张乐求进主动将王位逊让给了乌蛮的酋长细奴逻。细奴逻姓蒙，于是国家名字改为大蒙国。唐高宗的时候，细奴逻让儿子逻盛到长安觐见皇上，被高宗封为巍州刺史。有州，便要有州治，于是筑了一个城，蒙舍城。就是现在的巍山城。巍山历史名城，是有来历的。

巍州说是唐朝的州，其实就是一个国，有自己的军队和司法权，只不过顶了一个州的名字，并不向中央纳税。当时，唐朝在滇西地方任命的刺史，不止巍州一个，还有五个。六州之间，互不统属，六个州，并称六诏。南诏正式的名字是蒙舍诏，因为在六诏的最南边，也叫南诏。蒙舍诏的北面是蒙嶲诏，同时是唐朝的阳瓜州。大致在现在的漾濞附近。这两个诏，都是以乌蛮为主体。蒙舍诏和蒙嶲诏的北面，有三个诏，乌蛮白蛮皆有，但统治者还是乌蛮，浪穹诏、邆赕诏、施浪诏，合称"三浪诏"。"三浪诏"之东，是越析诏，也叫么些诏，主体民族是么些，也就是今天的纳西族。六诏当中，与唐王朝关系最密切的就是南诏。北面的几个诏，受吐蕃挤压，有向吐蕃靠拢的迹象，施浪诏干脆投降吐蕃。唐王朝为了抵御吐蕃东进，支持南诏向北扩展，希图在唐与吐蕃之间，建立一个缓冲地带。到细奴逻第四代孙皮罗阁时，南诏向唐朝上表，要求统一六诏，得到唐朝的支持，皮罗阁最终兼并六诏，建立了统一的南诏国。皮罗阁当了王，认为刺史的位置有点不合适，便亲自到长安朝拜皇帝，正是开元年间，皇帝是唐玄宗，唐玄宗听了皮罗阁的意见，认为倒也应该，便给了他两个头衔，封云南王，拜越国公。巍山在六诏最南，作为南诏首都太偏，

于是迁都到太和城，就在今天的大理。从细奴逻立国，到皮罗阁迁都，巍山城作为南诏首都九十二年，南诏故都，由此得名。

当然，今天名扬云南的巍山美食不可能是那时候传下来的，有史迹可寻的在元明两朝。

巍山除了炣肉饵丝、炣肉米线，最有名的是"一股面"。一股面是面条，典型的回族小吃，虽然现在汉族、彝族也都把一股面当成自己的小吃，但是论身世，最早应该是清真小吃。一股面是拉面的一种，面在下锅前，是醒好的粗条，盘在大盘子里，从头到尾就是一根，所以称一股面。下

锅时，从盘子里拉出来，在盘子和锅之间将面拉细，煮熟。这个面，云南其他地方没有，但巍山人已经吃了几百年。巍山一股面，与新疆拉条子完全一样。因为把这个面带进云南的，是元代进入云南的西域回族。不过，新疆拉条子，标准的配菜是西红柿、大青椒、番茄酱、牛羊肉和皮牙子，菜与面拌在一起食用，干拌。到了巍山，和面、醒面、拉条子、下面，均同于新疆，但是巍山人吃的是汤面。这味小吃落地巍山几百年，已经变成回、汉、彝各族人民的共同喜好，所以一股面也分清真面和汉族面。汤与配菜各有区别。清真面馆的汤，是用羊骨、

牛骨和牛羊肉熬制的清汤；汉族面馆的汤，多用火腿骨熬浓汤。清真面馆，加牛肉、羊肉；汉族面馆，加火腿、腌肉。配菜相同，都用云南细菜，有菌子、笋子、青豆、番茄、红辣椒。巍山一股面，面和的稍硬，醒面时间长，大锅宽汤，筋道且滑爽。

炤肉米线兴起巍山，在一股面之后。明初大批江淮、湖广移民进入滇西，才有了这款小吃。米线是新移民们的主食，进入云南以后，很快就被各民族接受，与自己原先的饮食习俗和口味结合，创制出不同特点的烹法和吃法，傣族的撒苤米线、白族的生皮米线、景颇族的烧肉米线、回族的羊肉米线、阿昌族的过手米线等。巍山人善于烹饪，精于烹饪，创制出精致的炤肉饵丝、炤肉米线。

巍山美食，除了一股面、炤肉饵丝、炤肉米线，还有青豆米糕。巍山米糕，种类很多，都是用粗米粉制成，用的青豆是青蚕豆。云南是蚕豆产量极高的地方，最好的蚕豆出在保山，名"透心绿"。但保山人吃透心绿，不是炒了当菜，就是油炸了当零食。巍山蚕豆，不及保山，但是吃法另类，将青豆粉与米粉混合起来，做青豆米糕。蒸出来的米糕带了青蚕豆的绿色，漂亮。吃到口里，除了米香，还有浓浓的青蚕豆味道，诱人。巍山米糕蒸的工具与过程也饶有特色，一个米糕一个小小甑子，锅里沸水之上，不是笼屉，是一个木板，上面有孔，一个孔里插一个小甑子。买米糕的人来了，从木板小孔里拿出小甑子，把米糕取出，热气腾腾，香气袅袅。巍山小吃的精致，由此可见。

巍山是古城，是云南省迄今为止保存最好的一座古城，要看明清时期云南城市的建筑风貌，巍山是最好的标本。巍山之名，源于巍宝山，最初的蒙舍城不大，也没有城墙，大理国的时候，筑了土城墙，明代扩建蒙舍城，改名蒙化，砖筑城墙，城市范围大大扩宽，城内有了二十五街十八巷。巍山古城自明代形成的格局，历经明、清、民国，六百多年，几经战火，大半已毁。明代建的巍山城，方如官印，城中央有文笔楼，东西南北皆

有门。现存的拱辰门，是明代巍山城的北门。东、西、南门都已毁，原处于城中心的文笔楼，已经孤悬在现在巍山城的郊外。保留下来的古城，虽然不及明城的小半，但街巷格局未变。拱辰楼前的街巷横竖排列，规格仍在。残城的中轴线上，两侧店铺院落基本保持了明清建筑原貌，前店后院，风格划一。巍山人给这些古街巷赋予新的用途。近些年，巍山古城游越来越热。随着游客对巍山美食的热捧，巍山古街中出现了美食一条街。清真一股面、汉族一股面、炣肉饵丝、炣肉米线、青豆米糕、巍山八大碗，美食街上都能吃到。

巍宝山是道教名山。中国的道教名山，东面多，西面少。西南几省，最有名的要数四川的青城山。云南只有巍宝山一座。巍宝山建道观，始于南诏，第一个道观名巡山殿，不过当地人不叫巡山殿，叫土主庙。这个庙，祭祀的是南诏开国王细奴逻。明代以后，不少道士便到巍宝山来修炼，道观越来越多，终于将巍宝山变成道观林立的丛林。看巍山古城，吃巍山美食，上巍宝山朝山，都极尽风雅，永远难忘。

大理白族美味
——生皮米线

　　大理白族有一道极负盛名的美食"黑格"，翻译成汉语，叫"生皮"。皮是猪皮，但生皮的含义，可不止是皮，还包括肉，当然也是生肉。其实白语"黑格"的原意就是生肉，"黑"是生，"格"是肉，翻译成生肉更为合适。说成生皮，雅致点。

因为有生皮，便衍生出一款小吃——生皮米线。生皮和生皮米线，在白族人看来，都是极品美食，过去，都是年节时或者招待尊贵客人才能吃到的，现在生活条件改变了，生皮和生皮米线已经成了四季皆可吃到的平常之物。但是，外地游客想要尝尝这白族美食，多少还是要有一些勇气，毕竟，生肉不是人人都能接受的。

走遍大理各地，都有生皮，最好的生皮出在洱源。做生皮的猪，选用健壮的大猪，最好是黑毛猪，病猪、老母猪是不能用的。这一点，把关是很严格的。

先说说生皮是怎样做出来的。杀猪，稻草或麦秸点火，整猪放入火中，将猪毛烧掉。仅只是将猪毛烧掉，烧完，刮去表皮残存的猪毛，用清水洗净，猪皮呈淡黄色时则止。此时猪皮仍是生的，内里的肉当然也是生的。这时候开膛破肚，取出内脏下水另做烹饪，做肉生的部位留下，第一是猪皮，第二是后鞧肉，第三是里脊和外脊肉，第四是有的人还要将猪肝留下。猪皮切块，猪肉切丝，猪肝切片，这便是生皮。所以，千万不要理解成吃生皮，就是吃那层薄薄的猪皮。

吃生皮，两种方法，一种是蘸蘸水吃，一种是用各色调料将生皮拌合，做成凉盘。无论哪种吃法，调味所用的材料基本一样。如是蘸食，蘸水可以是炖梅，炖梅与葱、姜、蒜、辣椒、芫荽一起，做成酸辣蘸水。炖梅也叫煮梅，是用苦梅做成的，把苦梅装在土罐子里，用火塘里的稻壳灰慢煨，煨到梅子变黑，这就是炖梅。炖梅之酸，可与最酸的醋相比。不但吃生皮可做蘸水，用以拌食凉菜，煮酸汤鱼，都是极好的调味料。如是拌食，用梅子醋或木瓜醋，主要调味料除盐、胡辣椒、野花椒、姜蒜、芫荽外，还有一样，大麻籽。大麻籽在一些地方也叫火麻籽，可用于榨油，有一种特殊的香气，加入大麻籽调味，可以代替芝麻油。炖梅和梅子老醋、木瓜醋，都是大理特产，走出大理则少有。大理梅子老醋和木瓜醋的酸度都超过一般果醋，用炖梅、梅子老醋或木瓜醋，无论是生皮还是肉丝、肝片，无论是蘸食还是拌食，肉腥味完全被掩盖，只觉得脆嫩异常、鲜美异常。

以上是白族人的传统吃法。现在也有给外地游客准备的生皮，猪皮不是全生，是半生不熟的，多了点糊香味道，但肉还是生肉。如果肉也烧熟，就不叫生皮了。这种吃法，很多外地人不但接受，有人还不过瘾，要求吃全生的、正宗的生皮。可见美食就是美食，对于喜好美食的人来说，没什么不能入口。

生肉拌合，加入米线，就是生皮米线。喜欢吃肉的，就多放肉，喜欢吃米线的，就多放米线，喜欢吃皮的，还可以将生皮切成细条，拌进来。生肉米线肉嫩，米线柔，天然之酸调味，生肉米线也因此是凉米线中最清爽的一种。不过这还是

家庭版的简易做法，如果是经营生肉米线的饭店和米线店，配菜和调料就复杂得多，胡椒粉、草果粉、茴香粉、八角粉、芝麻、花生碎、核桃碎、薄荷、萝卜丝等，皆可加入。与其他米线一样，各家都有各家的配方，不变的是，肉需切得精细，调料需配合得恰到好处。在大理，生皮米线做得最好的地方，是龙尾关，据说有的生皮米线

店一天就要卖出 500 多千克米线，和米线相配的生皮该是多少，想想都吃惊。

现在吃生皮，已经不讲求节日，平时解馋，找一家饭店就可以吃到。但是，有一个节日——火把节，是一定要吃生皮的。火把节是白族与彝族共同的节日，在农历六月二十五。过节这天，夜晚要在村子里扎起火把，男女老少围着火把跳舞饮酒，吃的一定是生皮，据说是为了缅怀祖先茹毛饮血的艰辛。可以想见，白族这个食俗古已有之。

最好的生皮出在洱源，所以，吃生皮，吃生皮米线，洱源为佳。洱源，顾名思义，是洱海之源。大理湖光山色，丽日帆影，最清秀的地方是洱源。大理美食荟萃，食肆满城，最能体现白族食俗的地方也是洱源。大理白族饮食中的精品大多出自洱源，或以洱源为最佳。原因无他，从古至今，洱源都是滇西重要的粮食、畜牧、渔业的重要产区，这

一位置，在南诏大理时期已然。白族是氐羌系民族，最早是牧人，即便后来进入农业社会，畜牧仍然是生产活动的重要部分。这个传统仍然被洱源白族保持着。肉食的多样化，就是一个特点，包括猪肉、牛肉、羊肉的烹调方式，在洱源多种多样，自古流传下来的对牛羊乳品的制作，也在洱源得到非常好的传承。所以，除了生皮，洱源还有最好的乳扇。乳扇与内蒙的奶皮子类似，牛奶、羊奶点酸后熬制，待上面出现一层浮皮，捞出晾干，形似扇状。洱源人点制牛奶、羊奶用酸木瓜或者梅子的汁，自身带有果香。乳扇可烤可炸，都很香脆，还可以用湿巾回软，切片切丝炒食，炒韭菜、炒羊肉、炒香菇、炒火腿、炒腌菜、炒石榴花，都乳香浓浓。洱源有一个茈碧湖，是洱海源头的一个湖，湖水异常纯净，生长着水珍海菜花。海菜花是花，也是药，还是菜，吃海菜花，无论炖汤炒菜，都有一股特有的清香。吃完生皮，加一碗腊排骨海菜花汤，是最好的搭配。

大理白族的美味，当然不止这几样，雕梅扣肉、宾川海稍鱼、喜洲粑粑、烧饵块、诺邓火腿、剑川三道菜、

永平黄焖鸡、鹤庆猪肝醡、巍山炟肉饵丝和一股面、南涧锅巴油粉、弥渡卷蹄等，都是名满云南的著名美食。不在大理待个十天半个月，是吃不全的。如果想多了解白族食俗，最好在两个时段来，一个是三月街，农历三月，大理赶大集，这个大集可以说是中国最大的集。连赶十一天，几十万人来此聚会。地点就在大理古城，大理最顶尖的美食美馔都在街子上展现，尽可以挑着吃。一个是火把节，农历六月二十五，是吃生皮的好机会，无论到哪个村寨，都能看到欢乐的人群，都能吃到美味的生皮，都能吃到最具白族风味的生皮米线，实是人生幸事啊！

剑川米线双盖帽

在大理，剑川是另一个美食荟萃的地方。白族土八碗、三道菜、剑川乳饼、石宝山素斋，在大理皆负盛名。剑川有一款米线，也自成一家：双帽米线。

双帽米线，本无甚稀奇，也就是米线多加一个帽子，可是在剑川本地，却大受欢迎，食客熙攘。除了米线，饵丝、面条，都照此办理，一律双帽。一个帽子是酱炒末肉，一个帽子是清炒末肉。从口味上看，是一浓一清。

这就是这款米线的卖点。吃一份米线，吃到两种口味的肉帽，简单且便宜的一款小吃，因此征服了很多食客的味蕾。

剑川处在大理和丽江之间，所以食俗中既带有白族风格，也带有纳西族风格。粗犷中带着细腻，曾使不少人入迷。诗人舒婷来过剑川，不知道吃过剑川什么美食，倾倒之至，写诗《梦想成真去剑川》，说："牙齿和眼睛够忙，往往来不及询问菜名，就已盘空碗净，直香进五脏六腑。这不可思议的餐桌小妖精，摄取剑川山水的日月精华，亦摄住我的魂魄。"

舒婷是现代人，古人如何？徐霞客也来过剑川，徐霞客对剑川的第一印象，不是剑川的山水，却是剑川的美食。徐霞客访剑川，是从丽江南行，到临沧一带考察澜沧江与红河地理概貌的。到剑川时，天色已晚，当晚借住在龙凤村，第二天一早，赶到县城，住在一位姓杨的贡爷家里。客人早上到家，杨贡爷当然要招待早饭。杨贡爷是有文化的人，知道江南人的饮食习惯，招待徐霞客的早餐非常清淡，手切蒸饵丝。徐霞客吃后大加赞赏。杨贡爷说，你吃了这饵丝，还应该看看这饵丝是如何做成的。于是让儿子陪同徐霞客到蟒歇林考察。明代，剑川森林繁茂，蛇蟒出没，这个地方，大概有蟒，故称蟒歇林。现在人把蟒撵跑了，改了名，满贤林。徐霞客到了蟒歇林，看见一湾溪水自山石间涌出，水过之处，不少水锥起落，近前一看，都是在舂饵块、舂米粉。"曲折三里，只容一溪宛转，乱舂互答。"看得徐霞客高兴至极。回到家，已是中午，杨贡爷用莽歇林水锥舂出来的米粉给徐霞客做了两味小吃：五仁汤圆、腊肉豆米小汤圆。西南边陲，区区小县，饮食之精，可比江南，着实让这位见多识广的旅行家吃了一惊，佩服不已，在《滇游记》里大大赞美了一番。

剑川人的创造力太值得赞颂。一个汤圆，能做出七八种馅料。小小一个芸豆，能被做成各种各样的食材。平常一头大蒜，能发酵成黑蒜，做成多种菜肴。米线加一个帽子，就能征服一大片食客。剑川人的美食传统是多么厉害。以致到剑川的游客，除了来看风光、看古迹，绝大多数还有一个目的：吃。

吃剑川美食，最好的地方是沙溪古镇。沙溪古镇是茶马古道上的一个重要驿站，在马帮时代，有过几百年的辉煌。到沙溪，不但能体味滇西北古镇风貌，听到流传上千年的洞经古乐。最让人快乐的，是能吃到最能代表白族食俗的"土八碗"。在沙溪吃顿土八碗，会让您对剑川菜的民族特色和历史内涵有一个认识上的升华。

所谓"土八碗"，是白族待客的酒席菜，因为菜有八道，且用土碗装，故称土八碗。土八碗做得最正宗、最好的，就是剑川土八碗。八碗的内容，基本固定，但不拘泥，特别是素菜，可根据节令食材确定。但是过去，比较严格，大致

的定式是：荤四碗，一白肉，二红肉（也就是用红曲染红的肉），三酥肉，四千张肉。素四碗，也有规定，第一碗是豆，大芸豆之类；第二碗是干菜，木耳、香菇、

金针菇之类；第三碗是粉丝；第四碗是五花菜，由萝卜丝、青菜、豆腐丝、百合、虾仁组合而成。说是土八碗，但还有一盘，一盘凉菜，这是热菜之前，喝酒的下酒菜。叫八碗一座盘，不称一个盘，

叫一座盘，是因为这盘大，菜品摞得高。这个盘，下面垫底的，一般是腌菜，上面盖头的要凑够五这个数，叫"五香"。鸡蛋、鸭蛋、油炸洋芋片、油炸慈菇片等。这是过去，过去穷，能吃到肉，就是好席面。现在的土八碗，与时俱进，内容更广泛，特别是一些讲究的饭店，食材升级，今非昔比。但既然是白族土八碗，不能超越，还是八碗一座盘。荤菜，则不止是白肉红肉了，一般有鸡、鱼、酥肉、排骨、腊肉等。素菜，还是粉丝、芸豆、慈菇、豆腐丝、木耳、香菇、腌菜等。土碗菜，土碗酒，仍然是粗犷中带着细腻，但是，当您吃过之后，想来会与舒婷女士一样，有"摄取剑川山水的日月精华，亦摄住我的魂魄"的感觉。

剑川的历史文化传承，绝不止体现在饮食文化上。剑川是云南有名的木雕之乡。白族民居，三房一照壁，四合五天井，是中国民间建筑的典范。特点是大量采用木雕装饰，这不是一般木匠所能的。在大理、保山、丽江、怒江等白族聚居地区，最活跃的木匠是剑川木匠。剑川的木匠、鹤庆的银匠，闻名全滇。白族民居建筑的格子门、

屏风、窗棂，基本都用木雕。在剑川木匠手里，喜鹊登梅、鹤鹿同春、镂空浮雕，不用画稿，一气呵成。剑川木雕家具，最常见大理石镶嵌，华贵典雅。一个边疆小县，民间工艺如此深厚，怎不让人由衷佩服。

剑川还是云南白族有名的歌乡，剑川民歌也叫剑川调，歌声激昂悠扬。每年初秋，大理州都要在剑川石宝山举行歌会。这期间，不但剑川，而且大理其他各地（如：洱源、漾濞、鹤庆、云龙）乃至怒江州兰坪的白族老乡都要聚会于石宝山，参加欢歌盛会。老中青歌手欢聚一堂，各有歌圈，山坳山坡挤满听歌的人群，一时间剑川调响遍山谷，三日方歇。白族的对歌，有时候就像是赛诗，佳句一出，满山欢呼。对任何外地游客来说，能听一次如此恢弘的剑川调大汇合，便是品尝了一次难忘的文化大餐。这样的剑川，值得一游吧？就是只来吃一顿土八碗，吃一碗双帽米线，听听剑川调，也值得一来啊！

保山
——火烧肉与米线的完美对接

　　大理的生肉米线是白族美食，汉族有没有吃肉生的食俗呢？有，大理隔壁的保山，就有以肉生为美食的汉族人。不过，保山的汉族人吃的肉生，是半生不熟的肉——保山大烧，也叫火烧肉。保山人吃火烧肉，拌水腌菜，下饭下酒，也当米线帽子，做成火烧肉米线。保山下属的几个县（市）施甸、龙陵、昌宁、腾冲，都有吃火烧肉的饮食传统。因此，火烧肉米线也流行于这些地方。

保山大烧是汉族式的肉生，或者说是"脍"。保山大烧是用火烧出来的，也叫火烧全猪，不过只烧皮，不烧肉。保山当地的猪是小土猪，长不大，四五十千克时，就是大猪了。杀猪，不像其他地方先烫皮刮毛、开膛破肚，没有那些程序，而是当即放在火上烧，把整头猪放进熊熊燃烧的稻草火里。毛烧尽，刮去猪皮烧焦的一层，再放进火里烧，再刮去烧焦的部分，再烧，反复几次，烧到猪皮金黄，即烧成。只烧猪皮，热量多少能传递到肉里面，靠近猪皮的肥肉能烧个几分熟，再往里的瘦肉，靠肥肉的地方还能得点热量，微微有个两三分熟，再内里的，就全是红红的生肉了。这皮焦肥熟瘦生的肉，便是大烧。吃的时候，将猪皮单独剔出来，蘸蘸水食用。猪肉切片，用水腌菜加葱、姜、辣椒拌合，便是一盆酸、辣、脆、嫩的好菜。

过去，生活艰难，能吃到大烧，必是遇年节或婚丧嫁娶、红白喜事时。现在，吃大烧已经是平常事。所以，大烧的做法也有所变化，特别是经营大烧的饭店，已经不用火烧全猪，而是切成条、块，客人来了，现烧。想要生肉多的，只烧猪皮，少烧几分，想要吃熟肉多的，四面烧，烧透。吃火烧肉米线，也如此办理。不过，肉要切得更薄更细些，以配合米线的细软。到米线店，告诉老板，火烧肉米线，肉嫩些，一会儿功夫，米线上桌，面上铺着一层火烧肉，肥肉晶莹，瘦肉红润。自己动手，加点儿辣椒油，加点儿蒜泥，芫荽、葱花撒上，拌匀，火烧肉入口，嫩嫩的，香香的。一碗米线，实在畅快。

这种吃法，保山、昌宁为多，到了施甸，有的干脆连烧这个程序也省略了。杀了猪，开膛，取最精华的部

分：里脊肉，当即切成片，用刀背敲成茸，水腌菜和米线拌起来，开吃。这就不能叫火烧肉米线，只能说是肉生米线了。不过，无论是保山大烧，还是施甸肉生，都要用水腌菜，这个水腌菜是很讲究的，不是大苦菜腌的，而是用油菜花，腌渍在米汤中，在罐内发酵，比一般腌菜酸味更浓。有的人嫌酸得不够，还要挤上柠檬汁。增香靠的还是保山本地产的香料，有芫荽、辣椒、花椒，特别是还有山胡椒根。为了增脆，红萝卜切成细丝加入，里脊肉遇酸，肉丝收紧，咀嚼间散发出鲜肉特有的清甜，红萝卜丝脆脆的，带有萝卜的鲜味。把米线拌进这样的肉生之中，不是美食是什么？

　　腌菜拌肉生，还不是施甸人唯一的调味，更绝的是酸蚂蚁拌肉生。与酸菜肉生比起来，蚁酸酸得更舒爽。滇西地区的蚂蚁，个大，大的能有半寸长，大肚子，一肚子酸。施甸、龙陵一带的人抓蚂蚁，不是一只一只抓，是连窝端，连蚂蚁窝一起摘回家，把蚂蚁用盐腌上，捣碎，焖在罐子里。这东西自己能够保质，无须任何添加剂，久储不坏。做肉生，

把猪肉切薄片，挤入柠檬汁，去腥气，酸蚂蚁加入，猪肉立刻脆了起来，再加点小胡萝卜丝，那可真是脆上加脆，酸上加酸，爽上加爽。蚁酸肉生拌米线，更是美上加美。

保山人用火烧肉待客，还是很善解人意的，外地客人来了，想吃火烧肉，又不敢尝试太生的肉，就烧得过一点。不敢吃太辣的，就少放辣椒。不敢吃蚁酸的，就用水腌菜、泡萝卜丝。爱吃蔬菜的，不但可以拌胡萝卜丝，还可以拌青笋丝、苤蓝丝、酸莲花白丝和番茄丁。火烧肉米线也如此办理。火烧肉无论烧到什么程度，都是火烧肉，不过，如果烧得太过，连肉生的影子都寻不到，火烧肉米线的灵魂也丢了，还是尝尝保山本地人吃的火烧肉米线为好。保山和腾冲交界处，有一个叫顺江的地方，保山人认为顺江火烧肉米线是最好的。短短一条小街道，开了十几家火烧肉米线馆，家家顾客盈门。顺江的火烧肉米线，不但肉是烧出来的，连辣椒、番茄都是烧出来的。如果有机会到保山、腾冲旅游，可以在顺江吃顿正宗的保山火烧肉米线，体会体会保山火烧肉米线的味觉真谛。

保山流行肉生，这个食俗是从白族借来的。从保山大烧上能清晰看到大理白族生皮的影子。从保山火烧肉，可以窥探出云南各民族食俗相互影响和融汇的历史痕迹。

云南是一个多民族的省份，滇西更是少数民族集中的地方。迪庆是藏族自治州，大理是白族自治州，德宏是傣族景颇族自治州，怒江是傈僳族自治州，丽江虽然不是自治州，但人口仍然以纳西族、白族、藏族为主体。唯独保山不同，保山一区四县，汉族占绝大多数，全市十二个世居少数民族人口加起来不足保山总人数的百分之十。汉族在这里是主体民族。在滇西，这是一个特例。

汉人入保山，历史久远，最早的可以追溯到汉代。汉初，云南有三个国家：滇国、哀牢国、句町国。汉武帝征云南，几个国家都归顺汉朝，成为汉朝的属国，汉武帝还给几个国家都颁发了金印。既然是属国，也设立中央管辖的郡县，保山这个地方就设了一个县：不韦县。不韦县这个名字来自吕不韦，因为最早迁居这里的汉族人，是吕不韦的后代。秦始皇因嫪毒乱纲，灭其九族，

牵扯到吕不韦，将吕不韦逐回洛阳。吕死，又将其家小门客迁到四川。汉武帝进占滇西，移民实县，再迁吕氏一族入保山，县名就叫不韦县。到三国时期，诸葛亮经营云南，吕氏一族还出了一位吕凯，成为蜀

国功臣，其子孙数代担任永昌太守。永昌，历史上一直是保山的本名。南诏大理时期，进入保山的汉人也络绎不绝，但没有成规模的移民，零星进入保山的汉人，两三代之后便融入当地民族。保山地区汉族人口

占多数，出现在明清两代，明清两朝出现了汉人进入保山的高潮。滇西，特别是保山，出现了多个连片的汉族人垦区。高峰期在明太祖朱元璋在位的几十年里。明初对保山的移民，最初是军事移民，为镇守边境，防止缅甸侵扰，后来，转为屯垦，主要为解决军队后勤保障。随着军屯的增多，又出现了民屯、商屯、盐屯。再后来，又把滇西当成惩罚失职官员和罪犯的地方，出现了谪戍、

充军等汉人移民。为贯彻朱元璋"广积粮"的最高指示，在朝廷的安排下，大批四川、湖南、广西、贵州的失地农民进入保山，称作"移狭乡就宽乡"。由此，保山汉族人口大增，终于形成了今天保山的民族格局。

保山地区在历史上是南诏和大理的属地，主体民族是白族和彝族。汉唐时期进入保山的汉人，已经融合在白族和彝族中。明代以来进入的汉人，最初是与白族、彝族交叉居住的，相互之间的交流频繁。就食俗而言，汉族的很多烹饪方法、食材运用，被白族、彝族借鉴，

而白族、彝族的很多烹饪方法、食材运用也被汉族吸收。逐渐形成了你中有我，我中有你的状态。白族的饵块，成为汉人的食物；汉人的米线，成为白族的食物。很多入滇汉人从没有见过的食材，像树番茄、酸木瓜、酸蚂蚁、树头菜、棕包等，也上了汉族人的餐桌，这其中就包含了白族风格的火烧肉。保山人吃火烧肉，从明代初期就开始了，已经吃了六百多年，其内涵不可谓不深厚。切莫小看这保山大烧，它承载了云南民族交流的一个历史截面。当我们端起一碗保山火烧肉米线的时候，能从中嗅出一股深厚的历史气息。

保山在云南文化发展史上有过辉煌的历史，特别在明代中期，保山在云南，甚至在全国，都是一个文化中心。造就这一局面的，是明代大文豪杨慎，就是写词"滚滚长江东逝水"的那个杨慎。

杨慎是正德、嘉靖两朝宰相，是当时最著名的文人之一。因为大礼仪之争，被嘉靖皇帝流放到永昌府，且永远不得返回原籍。杨慎到保山，是他个人的悲剧，却是保山的福气。因为有了杨慎这样的大文豪光临，保山

魁星高照，文风大炽。在杨慎到达保山之前，保山不要说出一个进士，连识字的人都寥寥无几。杨慎到保山后，设馆讲学，广收学生，研究考察，孜孜不倦。就在这片被内地人视为荒蛮的地方，杨慎写下了四百余种著述，培养出中国第一个少数民族学派——"杨门七子"。被当时的人赞为"七子文藻，皆在滇云"。《明史·杨慎传》称："明世记诵之博，著述之富，推慎第一。" 在今天，云南全省供奉的神仙中，最受崇敬的有三个：救苦救难的观音菩萨、七擒七纵孟获的诸葛亮和滇人之师杨慎。

能够证明保山文化气十足的，还有一样好东西不可不说，就是保山出的围棋子，称作"永子"。在省外、国外，也被称为"云子"。用保山盛产的玛瑙炼制而成，"白呈象牙之色，通体流光；黑透碧玉之泽，边闪翠环"，历来被围棋界视为棋子极品。可见，保山不但饮食文化可圈可点，传统文化也足以为傲。

滇西味道
——稀豆粉米线

　　滇西地区流行的米线品种，由于地理环境、民族传统、食材选择、口味偏好等各种原因，各地都有所不同。但是有一个米线，却流行于滇西各地，成为大家的共爱，这就是稀豆粉米线。

　　稀豆粉，是以干豌豆打粉，以水调之，煮成的糊状汤汁，称为豌豆糊更为确切。但是在云南，统一的名字就叫稀豆粉，与已凝结成块的豌豆凉粉相区别。稀豆粉

在云南各地都有，大部分作为早点，与油条、荞糕之类

相配。稀豆粉只加点盐、芫荽末、胡辣椒粉调和，就成为一道豆香浓郁、高脂、高蛋白、低糖的健康美食。稀豆粉与米线调和，便是稀豆粉米线，稀豆粉米线的流行区域很广，北到昭通，南到普洱，东到文山，西到德宏，遍及全省。但是，食用稀豆粉米线最为集中的地方是位于滇西南的普洱。因为，滇西盛产"两豆"：豌豆和蚕豆。以豌豆和蚕豆为食材的菜肴、小吃最多的地方就是保山、德宏、临沧一带。稀豆粉米线是诸多菜肴小吃中比较突出的一个。

制作稀豆粉有两种方法。一种是现磨现煮，这种方法多用于饭店、小吃店等用量大的地方。干豌豆用水泡发，择去豆皮，用石磨磨浆，用纱布滤去渣后的浆水熬制，便成稀豆粉。另一种是用豌豆干粉调制，这是家庭常用的方法，简单，调出的稀豆粉并不差。干豆粉用少许水调成糊状，锅中烧水，水沸，将豆糊慢慢倒入沸水之中，边倒边搅，防止结块和糊锅，熬成稀糊状即可。熬煮稀豆粉，过去一般用砂锅或铜锅，因为铁锅容易使豆粉变

黑，现在有了不锈钢锅，锅具不是问题了，即便家庭制作也方便。

稀豆粉米线，无论配干浆米线还是配酸浆米线，都要求稀豆粉现煮而成，冷凝后再回锅是不行的。稀豆粉煮好，米线烫好，二者在碗中相聚，便是一碗散发着浓浓豆香的上好米线。吃稀豆粉米线，调味料中，葱花、芫荽一定是主角，辣椒视个人爱好，可以用胡辣椒，也可以用油辣椒，有的人更喜欢不炸不烤的干辣椒粉。干辣椒粉有一股生辣椒的冲劲，有人喜爱。调咸只用盐或乳腐汁，忌用酱油。

保山人对稀豆粉情有独钟，用来调稀豆粉的调味品非常讲究，包括芝麻、花生碎、花椒油、辣椒油、蒜油、姜水、腌菜、鲜小米辣等。保山稀豆粉米线有荤素之分，荤米线是要加入肉酱的，肉酱也分很多种。所以在保山吃稀豆粉米线，仅在厨师手里，就要经历一个繁复的过程。

临沧稀豆粉米线的流行度也相当之高，甚至可以说是临沧早点的头牌小吃。临沧年龄大一点的经历过生活艰难时期的人都知道，过去临沧流行的一句俗语，"早上吃碗稀豆粉，给个皇上也不做"。可见稀豆粉米线在临沧人心中的地位。临沧稀豆粉米线调味，葱花可有可无，青蒜是要有的，青蒜与稀豆粉结合，呈现出另一种特殊的香气，这是临沧稀豆粉米线的一个重要特征。临沧人吃稀豆粉，还用生姜，特别是新姜上市，将鲜姜剁末放入，稀豆粉香味更足。

德宏稀豆粉米线是复合型米线，一般都是与烧肉米线合成。德宏的米线用烧肉做盖头，但是汤汁中一般都

添加稀豆粉，德宏是小米辣的主产区，无论傣族、景颇族、佤族，食俗皆偏辣，德宏的稀豆粉烧肉米线的辣度也较保山、腾冲等地为高。稀豆粉米线加烧肉，是德宏稀豆粉米线的特征之一。

稀豆粉米线地位高的地方，在云南还有几个，普洱不用说了，豆汤米线与花生汤米线各占半壁江山。在楚雄州的牟定县，稀豆粉米线地位很高，有"黄金早餐"的称誉。滇东北的会泽、昭通，也是稀豆粉米线的流行区，但就普及程度而言，还是不如滇西。这大约与滇西是"两豆"主产区有关。若论红豆菜肴小吃，滇东北可就是老大了。

云南人是中国吃豆的冠军。云南人每年吃掉的豆子，至少是全国平均水平的两倍以上。纵观中国各菜系，豆类菜和豆类小吃最多的，是滇菜。滇菜中的豆类菜在各菜系中居首的具体体现，一是食用豆的种类多。豌豆、蚕豆、青豆、红豆、绿豆，均为常食品种。二是食用频率高，早点、正餐、夜宵都能见到豆类的身影。三是豆类的后加工和食用方法多，仅一个豌豆，就可加工成多种食材，青豆米、水发豌豆、豌豆粉、黄粉皮、稀豆粉等。而由这些加工后的食材延伸出来的菜肴和小吃，更是琳琅满目。做菜，清炒豌豆、三丁豌豆、青

豌豆炒藕丁、豌豆火腿丁、青豌豆炒鸡丁、腌菜炒豌豆、凉拌青豌豆、桂花豌豆。做成豌豆粉，可煎，可烤，可拌，可炒，可煮。做成稀豆粉，可与米线配，可与卷粉配，可与饵丝配，可与油条、粑粑配。青豌豆还能做成豆焖饭，云腿豆焖饭、干巴豆焖饭都带有强烈的云南基因，带有走出云南无处寻觅的云南味道。

滇西游，可别忘了吃碗稀豆粉米线，或者是保山的肉酱稀豆粉米线，或者是德宏的烧肉稀豆粉米线，或者是临沧的青蒜稀豆粉米线。如果遇到青豌豆焖饭，就更不能错过了。

蒲缥凉鸡米线

保山有个小镇，名"蒲缥"。蒲缥显然不是汉语，但到底是哪个民族的语言，说不清楚。因为这个小镇，除了汉族，还有彝族、白族、傣族、傈僳族、佤族、景颇族等。小镇虽小，却有一个名声在外的小吃——凉鸡米线。所以，在保山，说起蒲缥，第一个想起的吃食，必然是凉鸡米线。

凉鸡米线各地都能见到，但是一般认为，最好的凉鸡米线在保山，保山最好的凉鸡米线在蒲缥。因为蒲缥的凉鸡米线，做法和调味都很特别。煮熟的鸡肉用手撕成细丝，加上焯好的芥蓝做罩帽，把酱卤浇在米线上，配上辣椒油、蒜汁、香醋，撒上芝麻和花生碎。凉米线追求的就是爽口，蒲缥凉鸡米线在爽口上下足了功夫，很多吃过蒲缥凉鸡米线的外地客都说，下次到保山，还要到蒲缥吃一碗凉鸡米线。

蒲缥凉鸡，用的是当地的小土鸡，煮鸡只用料酒去腥，以姜、胡椒和草果调味，煮得到位，肉丝韧而不柴。关键是酸得到位，醋用得好。保山有好醋，下村醋。下村醋是麸醋，据说是汉代吕不韦的后裔从北方来到保山时带来的工艺。这个传说不太可靠，但是下村醋历史久远是肯定的，至少在明代就已经是当地的名醋了。下村醋用的是药曲，一百多种药材配制，也叫百草醋，酸中带甜，非常适合凉拌。从药曲这点看，下村醋与四川保宁醋有些瓜葛，倒是有可能的。凉鸡米线必用下村醋，换成老陈醋是绝对不行的。

　　这些只是蒲缥凉鸡米线的食材基础，一个小地方一款小吃能做到如此精致，而且声名远扬，它的内在因素和外在基础是什么？

　　蒲缥虽小，却身担两个名号。第一个，是明代建成的大理到腾冲官道上的一个重要驿站。蒲缥村镇的出现，正是依赖这个驿站而形成。第二个，从古至今，蒲缥都是保山周边一个兴旺的集市，云南人所说的街子。蒲缥的兴旺，正是依赖这个街子的托举。

　　明代对西南边疆的防御和治理，依赖驿道的连通，因此明代对驿路建设极为重视，滇西是边境所在，重视程度尤甚。朝廷大军入滇之初，即开始设置驿传，开辟驿道。在云南境内就建有八条驿道，在各个重要节点再分支出连接分布于全省各个卫所的支线驿道。所有卫所和军屯、民屯几乎全部为驿道覆盖，驿站遍布全省。在明代，云南驿站的主要任务是传送公文，急递军情，而且兼做往来官员和军队的招待所。驿卒不但负有驿传的任务，同时也耕种驿站周边土地，兼做农民、马夫和厨师。所以，驿站必然是一个食俗的传播点。

在云南，明清两代，由驿站而成长为市镇，进而成为一个地方商业中心的比比皆是，蒲缥便是其中一个。今天，在云南耳熟能详的很多美食之乡，在历史上都是从小小驿站起步而成的，如宣威倘塘驿、沾益驿、丽江束河驿、个旧倘甸驿、南华兔街驿等。这些驿站形成的市镇很多都出了相当有特色的地方美食，如宣威火腿、云南驿破酥粑粑、倘塘黄豆腐、豆沙关豆花、曲陀关甜白酒、胜境关酸汤锅、南华兔街驿的豌豆粉、通海卤牛肉、蒙自凉拌鸡、粉蒸肉，都是。如此说，蒲缥出了一个名扬在外的凉鸡米线，便是顺理成章。

云南是一个多民族省份，大多数地方都是多民族混居，由于交通不便、交流不易，便催生出云南特有的街子文化。在云南，街子所承载的社会功能几乎包罗万象。除了商品交换功能外，还承担着文化娱乐功能、信息传播功能、人际交往功能等。这其中就包含了民俗融汇功能和食俗传播功能。

街子的商品交换功能，是街子存在的核心功能。赶街的多为附近农民和小手工业者，但是也有远来的行商，交换的物品多为粮食、蔬菜、水果、盐糖、茶叶、禽畜、农具、日用杂品等。但赶街的人，很多并不参与商品交换，只是为赶个热闹。很多街子，也是戏剧和花灯的演出大剧场，很多人只是为看戏、看花灯而来，有的还成为男女相亲幽会的地方。更多的人，是为了到街子上改善一下伙食，解口腹之欲。所以，云南街子的一项重要功能是食俗传播功能。很多在家庭无法吃到的特色菜肴和小吃，都集中在街子上展现，想吃牛肉，家里不可能随便杀一头牛，但在街子上，却可以较容易品尝到。很多小吃和菜肴，无法以家常做法为之，但在街子上却可以吃到。在街子吃上一碗米线、几块粑粑，喝上几两土烧酒，是街子周边很多人的期盼和享受。说云南街子是云南美食发育的培养皿和传播站也可。实际上，云南各地的名米线，多数都是在街子上出生、从街子上扩散的。周边的农民，甚至保山城里的市民乡绅来到蒲缥赶街，总得

吃点什么吧，最简单的就是米线，如是夏日，凉米线是
最好的选择。凉米线总要配点荤菜吧，人们在家不能天
天杀鸡，在街子上，众人共吃一只鸡总是可以的吧。天
长日久，蒲缥街上的厨师们便掌握了一门能拉住食客的
手艺，凉鸡拌米线。传承至今，日见精到，终成一方美食。

　　在滇西，大理的凉鸡米线也不错，临沧的也不错，
各有特点，不过，如果真的到了保山，还是尝尝蒲缥的
凉鸡米线吧。众人都说好，自有其好的道理。

到腾冲

——吃一碗荞米线

一般人的印象中，米线都是稻米做成的，但也有另类，荞米线即是。荞米线是用荞麦做成的，在云南，荞麦的主产区有两个，一个是滇东北的乌蒙山区，一个是滇西的高黎贡山区。所以，吃荞麦最多的，也是这两个山区。彝族和傈僳族是以荞麦为主食的两个民族。

荞麦黏度低，做粑粑，很酥松，用来做面条，为增加筋度，往往要添加麦面，否则面条易断，不堪食用。

用荞麦做米线，想要得到柔韧不断的效果，就要有特殊的加工方法，所以，荞米线的流行区域不大，主要在昭通和怒江、保山。荞米线流行度最高、最出名的，是腾冲。在腾冲，荞米线不但是街头小吃，也是很多家庭的日常餐食。吃得多，做得就精，由此名声在外。很多到腾冲的人，都要吃碗荞米线。与一般米线不同的是，荞米线不是早餐食品，是作为正餐的。晚饭吃荞米线，在腾冲是很多家庭的选择。

荞米线和荞面条都是用荞麦做成的，二者没有什么区别吧？不，区别可大了，一个是面，一个是粉，起码做法就大不同，口感自然也大不同。

荞面条，在云南，很少有家庭自制的，都是买挂面，荞面挂面一般都添加了麦面。做荞麦面条，与做白面面条没有什么区别，和面，压成面片，切成条状，如果做挂面，晾干即可。因此荞麦面条多数都是作坊或工厂生产的。荞米线则不同，用纯纯的荞麦，且家庭制作普遍。荞麦磨粉，过细筛。

大锅烧水，水滚，往里撒荞面，边撒边搅，而且一定要同一个方向搅到底，不能乱搅。这是一个力气活，越搅越黏，越黏越费劲儿，用力就越大，搅到可以用手揪起一块，能够成型的程度，这就成了米线坯子。再下来，就是挤米线了，挤出的米线，要进入凉水定型，所以要么用盆，要么用桶，盛满凉水。拿来下面带小孔的米线桶，将米线坯子放入，用木棍挤压，米线便从小孔中徐徐挤出，落在凉水里。挤完，捞出来放到竹筐里，就完成了制作荞米线的第一步。

北方的朋友可能要说，这不就是荞面饸饹吗？也不是。荞面饸饹和荞面面条一样，是和面，荞米线可是搅面啊，和出来的面，松软，搅出来的面，可是筋道十足。荞面饸饹，如果没加麦面的话，一般都发糟，搅出来的荞米线，却筋道十足，云南的荞米线和北方的荞面饸饹真的不是一码事。这种做法，和陕西宝鸡蒸面皮有点相像，蒸面皮的面，

就是搅出来的，蒸出来的面皮半透明，筋道，与和面做出来的白面饼完全不是一码事。

荞米线是凉吃的米线，腾冲人调拌荞米线，用的佐料和配菜都很讲究，有几样东西是一定不能少的。

一个是醋。荞米线凉吃，最重要的味道是酸，其次重辣。所以醋是第一调料。腾冲荞米线用醋，不用米醋、老醋、陈醋，用梅子醋。梅子醋是用青梅和冰糖制成的，味道酸甜、柔和。

一个是苤菜根。苤菜，也叫宽叶韭，和韭菜同科，苤菜的根，模样很像韭菜根，但要粗壮得多。在云南，一般用来做腌菜。吃米线，无论小锅米线、过桥米线、土鸡米线，若用苤菜根，都是腌渍的苤菜根。但是用到荞米线上，就另有做法。一种是油炸，做成苤菜根油；一种是鲜苤菜根，在油

255

锅里与辣椒一起爆炒。苤菜根味苦，荞米线也味苦，但是油炸或油爆后的苤菜根，可以起到增香的作用。

还有一个是菌子油。滇西由于地理特性，所产的菌子品质优良，特别是鸡枞和松茸，量大而质佳。用鸡枞和松茸做成的菌子油，是食物调香最好的味料。云南人用来调米线时，是连油带菌子一起放入的，荞米线中加入菌子和菌子油，那种香味无可比拟。

在腾冲吃荞米线，是浸在酸汤里吃的。酸汤里包含了鸡枞和鸡枞油、姜、蒜、芫荽、苤菜根、番茄碎、梅子醋等。吃荞米线，米线吃尽，那碗酸汤可要喝掉，掺入菌子油和苤菜根味道的梅子醋汤汁，是别处尝不到的美味。

腾冲是滇西最负盛名的美食之乡，其名气是很多地级市都无法相比的。腾冲大薄片、腾冲棕包、腾冲赶马肉、和顺头脑，很多云南人都耳熟能详。尤其是腾冲大救驾，是很多云

南人宣传云南美食一定要举出的例子。

大薄片是卤菜。猪耳卤成，快刀片成大大的薄片，薄如蝉翼，脆而韧。吃大薄片，喝腾冲土烧酒，是腾冲人的好夜宵。棕包是棕包树的果实，棕包内有米，棕包米，滇西各地都有棕包，但别处的大多苦涩不能食，腾冲棕包却可以入菜。棕包米的吃法有炖煮和煸炒两种。炒，用瘦肉、腌菜相配。煮，用葱、姜、芫荽、糊辣椒、酸腌菜调味，酸中带辣，微苦，也可用来煮鱼，煮豆腐。棕包鱼汤、棕包豆腐汤，都是腾冲名菜。在腾冲，还有很多可称为上好美食的土菜，像银杏猪肚、焐猪肉、酥肉、腊腌菜、洋酸茄拌青辣椒、火炕干巴等。到腾冲旅游，如果要把腾冲当地的美食名肴都吃一遍的话，没有十天半个月是不可能的。

腾冲最负盛名的地方美食是"大救驾"。在云南，不知道大救驾的人，肯定不是云南人。大救驾就是炒饵块，这个名字源于南明最后一位皇帝，朱由榔。这位被臣下推举出来的倒霉皇帝从一上台，就没有别的事可做，除了一件事：逃跑。清军在后面追，他在前面跑，跑得

狼狈不堪，最后跑到位于中缅边境的腾冲。好歹也是个皇帝，腾冲人不嫌弃，给他一碗饭吃，吃的就是炒饵块。倒霉皇帝饥寒交迫，接过来就狼吞虎咽，几口吃了个精光，抛下饭碗，仰头长叹，大救驾也！有了这个由头，于是腾冲炒饵块便另有一个名字：大救驾。其实救得了一时，救不了一世，没多长时间，这个皇帝就被吴三桂抓了回来，在昆明被勒死了。朱由榔没了，可大救驾留下了。

腾冲饵块好，饵丝更好。饵丝不是用饵块切出来的，从饵块上切出来的饵丝短、硬，适合卤，昆明的卤饵丝便是这样的饵丝。腾冲的饵丝长，极像面条，而且口感与手擀面相像，绵软筋道，可煮可炒，极富特色，有的北方人吃了，不相信是米做成的。由于其更细软，煮食时基本下锅汤再开便要起锅。或汤与饵丝分做，汤开，将饵丝另外烫熟，放入汤中即可。汤当然最好是鸡汤，火腿与菌子同煮做汤更好。炒食最好的配料是菌子、火腿、豌豆尖，炒成，清爽不腻，红白绿彼此缠绕，色香

味俱佳。腾冲荞米线好，但是在腾冲饵丝面前，就要谦逊一些了。

腾冲能成为美食之乡，必然有厚重的历史积淀。腾冲在历史上很长时间内以腾越为名，从明代到民国，腾冲一直是州府所在地，州名即为腾越。在历史上很长的时间里，腾越地区少数民族人口占多数，地方文化自然具有鲜明的民族特征。哀牢文化、南诏大理文化，都扎根在这片土地。由于腾冲地处中国与东南亚、印度的交界处，不可能不受影响，因此腾越文化中有东南亚文化的影子。至明代汉人大批进入，汉文化逐渐占据主导地位，但在腾越文化形成的过程中，地域性的汉文化，一定会吸收固有的边疆文化因子，进而融会贯通，形成自己的特点。所以，腾越文化是一种以汉文化为主体的复合型文化。大旅行家、地理学家徐霞客曾游历腾冲，腾冲山川之秀丽，热海之奇异，民俗之独特，物产之丰富，使他流连忘返，一待就是四十多天，吃遍了腾冲的地方美食，写下三万多字的《腾越游记》。腾冲地处边疆，文化如此发达，让徐霞客人感意外，也大为惊叹，认为

腾冲是"极边第一城"。徐霞客说的"第一城",不仅是地理位置之意,更包含了文化的因素。在西南边疆,边城不少,但文化积淀如此深厚的,仅此一城。

腾冲美食,也是多民族饮食文化相互交流融合的结果。饵块是典型的白族食物,荞米线带有鲜明的傈僳族风格,火坑干巴是回族的当家美食,和顺头脑是典型的北方汉族食物,这些来自各民族的美食,聚合在一起,都成为腾冲的美食标志。把它们聚合在一起的是什么?是文化——胸怀博大的腾越文化。

到第一城,有温泉、火山、翡翠、和顺古镇、银杏村、棕包街,还有大救驾、大薄片、赶马肉、菌子苤菜根梅子醋拌荞米线。来看看、来尝尝吧,你一定能体会到腾越文化亲和感十足的魅力。

最接地气的米线吃法
——阿昌过手米线

云南除了过桥米线，还有一种吃法，也是要"过"一下，不过不是过桥，是过手——德宏州的阿昌过手米线。

为什么叫过手米线呢？因为吃这个米线，是将米线团在手心，将帽子放到米线上，送入口中，这便是"过手"。过手米线的老家在陇川的户撒，所以叫户撒过手米线。又因为这个吃法是阿昌族的一种食俗，所以也叫阿昌过手米线。

这种吃法，按照汪曾祺先生的说法，很"野"，但是如果细究起来，却是真正的"雅"。先说说这个米线到底是怎么个做法，怎么个吃法。

过手米线用干浆米线，粗细适中。过去，用作过手的米线，其制作方式是各种米线中最为复杂的一种，要用两种米——陇川当地出产的一种硬米和一种软米，磨浆，澄浆，然后混合，压榨成米线。求的是米线的软硬程度适当、弹性适当。

为过手米线相配的帽子，也很复杂。所用食材必须具备：第一是猪肉，包括瘦肉、五花肉、里脊肉、猪肝、猪肠子、猪脑。第二是花生碎，用炒香的花生碾成。第三是调料，辣椒、芫荽、大蒜。第四是稀豆粉和酸水，用时加入糊辣椒粉与盐。酸水，阿昌人叫"玉露"。玉露是用萝卜叶加入淘米水，煮开，在坛子里发酵十天左右而成的，味道酸中带香。

有了这几样东西，便可以开始做过手米线。

首先，将瘦肉和五花肉切成条，炭火烤，烤到六七分熟，开剁，剁得碎碎的，做成末肉。猪脑、猪肠子用水煮，把猪肠子切成小段，和末肉一起，与猪脑混合，做成肉泥。此时豌豆粉和玉露登场，与肉泥一起，搅成黏糊糊的肉酱。如果嫌玉露酸度不够，还可以加入酸木瓜汁。若肉酱鲜度不够，还可以加入里脊肉和猪肝剁成的肉生、猪肝生。最后，撒上花生碎，肉帽便做成。

吃过手米线，有规矩。右手展开，左手抓起一团米线，放入右手，做成鸟巢状，左手再进碗抓出一团肉酱，放入米线鸟巢中，这便是帽子，连米线带帽子一起送入口中即可。但有一件事情绝对要注意。如果是众人一起吃过手米线，那碗肉酱是共用的。阿昌族风俗，你只能上手抓自己要吃的那一坨，千万不能满碗乱搅和，如果不用手抓，是用筷子，也不能把筷子伸到别处搅和。如果同桌有阿昌族老人，你一搅和，他马上罢吃。这是规矩。

吃过手米线，初看，肉酱黏黏糊糊，形色都说不上有美感，但第一口下去，立刻会被阿昌过手米线的酸辣鲜香味道俘虏，迫不及待地过第二次手。为过手米线解酸解辣的，有萝卜干汤，吃几口过手米线，喝一口萝卜干汤清口，酸辣马上解除。

过手米线，两手分工，要碗何用？其实真正的阿昌过手米线，的确是不用碗的。不用碗，更用不着筷子，几片芭蕉叶子足够。米线放在芭蕉叶子上，肉酱也放在芭蕉叶子上。现在为了照顾外地客人，吃过手米线，也给一只碗、一双筷子、一个勺。不过大多数第一次吃过手米线的人，都将碗勺搁置一旁，和阿昌兄弟一起过手，不过手，就不是过手米线了。有的女士感觉用手抓难为情，翘着兰花指，用勺子舀，结果米线不成团，帽子乱乎乎，吃到嘴外头，把口红都带下来了，更狼狈。阿昌老人教导说，没关系，你将米线放到碗里，把帽子也放到碗里，拌开，按照凉米线的吃法吃就行了。不过，这就不是过手米线，成了肉生凉米线了。

　　户撒过手米线历史悠久，从明代米线传入云南就有了过手米线。这段历史，隐含在阿昌族的历史之中。阿昌族也是氐羌系民族，也是从甘青地区逐步南下进入云南的，历史上一直被称为峨昌。明代是阿昌族民族重组的一个时期。明初，明军进占云南，沐英所带领的部队进入梁河、陇川一带阿昌族人聚居区，由于明朝实行屯田制度，很多明军官兵落籍陇川，其中户撒是一个集中点。这些东来的汉人，不少人的后代加入了阿昌族。当年的户撒，很可能是明军的兵工厂所在。因此，户撒在明清两代，是滇西著名的铁制刀具产地。那时的户撒刀名扬四海。到现在，户撒刀仍然是中国名刀之一。天安门广场的升旗仪式，每天都能看到解放军仪仗队的威武军姿，其中持刀手手中拿的，就是户撒刀，名九龙指挥刀。阿昌族和汉族的血缘融合，也使汉族的很多风俗习惯植入了阿昌族的文化之中。比如，很多阿昌族村寨平日里敬的是玉帝、关公。饮食文化亦然，过手米线可以说是汉族食物与阿昌族食物的结合体。

　　户撒过手米线已经有六百多年的历史，米线帽子一直是用猪肉。近些年来，随着过手米线声名鹊起，很多旅游者慕名而来，也有陇川人走出陇川，到外地开米线店，过手米线的帽子也突破了仅限猪肉的老传统，开始对食材进行拓宽，牛肉、鸡肉、鸽子肉都加入过手米线，连菌子也成为过手米线的帽子。为了适应外地人的习惯，肉生少用或不用，碗筷也出现在过手米线的餐桌上。过手米线为越来越多人所知所爱。

　　过手米线是陇川县乃至德宏州的美食标签之一，到德宏，无论在陇川、梁河，还是在芒市、瑞丽，都能吃到过手米线。到德宏旅游，除了看大金塔，看瑞丽姐告，看盈江犀鸟，看陇川户撒刀，看畹町国门，也吃一顿过手米线吧，您一定不会后悔的。

德宏味道
——梁河烧肉米线

在德宏，傣味的柠檬撒米线、景颇族的苦撒米线、阿昌族的过手米线很普及，在哪里都能够吃到。还有一种米线，主要在梁河，这就是烧肉米线。

梁河接近腾冲，距离保山也不远，梁河烧肉米线是不是保山火烧肉米线的德宏版？非也。都是火烧肉，烧法不一样，吃法也不一样。梁河烧肉米线自有梁河风格。保山的火烧肉要么是整猪烧，要么切块烧，烧后再调味。

梁河的烧肉却是先用调料将肉腌制入味再烧。保山火烧肉米线调酸用水腌菜、酸蚂蚁，而梁河烧肉米线是配稀豆粉的，用酸水。保山大烧可以说是带有白族基因的汉族食物，而梁河的烧肉米线却是典型的傣族风格，而这一地区的世居民族，烤肉的方式大致与傣族相类似。阿昌过手米线也有烧肉的加入，烧的方法与梁河烧肉一样。所以，在梁河，烧肉米线没有明显的民族属性，各民族都把它当成本民族的美食。

吃梁河烧肉米线，最先准备的不是烧肉，而是稀豆粉。历经磨豆，出浆，滤浆，熬煮，稀豆粉做成，等待冷却。米线烫过，也等待冷却。各种调料调成一碗，包括盐、小米辣、糊辣椒、缅芫荽、蒜末、花生碎、白芝麻等，最重要的是酸水。酸水可以是阿昌人用萝卜叶发酵出来的玉露，也可以是酸木瓜泡出来的木瓜醋。用酸水将众多调料搅和在一起，与稀豆粉、米线一起等待烧肉出现。

烧肉没有什么特别的方法，就是叉在铁叉里，在柴灶里烧，但是对肉还是有选择的，一般都是选五花肉，云南人称作三线肉，有肥有瘦，香。先将肉用调料——

盐、草果粉、花椒粉、葱、姜、蒜之类腌上，入味即烧。想嫩一点，烧个五六分，想熟一点，就烧个七八分，想烧得全熟也可以，烧个两三分熟也可以，悉听君便。肉烧成，晾凉切块。之后将稀豆粉放到碗中，与肉块搅和起来，再把酸水调成的调料倒进去，再搅和起来，最后一步，下米线。这回不用搅和了，食客自己搅和吧。这便是梁河烧肉米线的烧肉、稀豆粉、酸水三合一吃法。吃惯了这个米线的人认为，没有什么米线比烧肉米线更美味的了。

梁河烧肉米线流行范围不大，基本局限于德宏州内，在芒市、盈江、瑞丽，也有梁河人开的烧肉米线店。但是在梁河本地，却追捧一个小地方的烧肉米线，这个地

方叫罗岗，芒东镇下辖的一个小村子，傣族人口占绝大多数，是一个典型的傣族村庄。小村庄平时没有人光顾，但是到街子天，来的人就多了，多数人不是为了在街子上采买，而是

来吃罗岗烧肉米线的。而售卖米线的，不是长摊，而是临时搭起来的，街子一散，摊也跟着散。卖米线的只管米线、豌豆粉与酸水，谁来吃米线，谁自己去买肉，买什么肉给你烧什么肉，买多少给你烧多少，这大约是中国最质朴的售卖法。罗岗烧肉米线招人喜欢，最主要的是罗岗的豌豆粉好、缅芫荽好、酸水好，当然，肉也好。傣族村子养小土猪，不养大肥猪。

除了烧肉米线，梁河还有什么好吃的？如果吃过烧肉米线，还想品尝梁河美味，推荐两样。

一是景颇鬼鸡。鬼鸡是凉拌鸡，小土鸡煮熟，手撕成小块，葱、姜、蒜和芫荽、盐舂成泥，与鸡块拌合，用柠檬汁调味。这个鸡在过去是祭鬼用的，祭祀完毕，人来享用，故称鬼鸡。鬼鸡酸辣清爽，是景颇族人珍视的美食。梁河景颇族人口众多，吃鬼鸡的人就多。不过，鬼鸡在梁河不只是景颇族的美食，也是傣族、阿昌族、汉族的美食。

二是涮涮辣。这可不是吃的，是用来涮的。涮涮辣是辣椒，辣味顶级的辣椒。印度的魔鬼椒已经辣到无法入口，云南的涮涮辣更辣过魔鬼椒，可称辣中之王。用涮涮辣调蘸水，辣椒万万不能放入，只要在蘸水里涮一涮，这个蘸水一般人就无法消受，正确的用法是蘸一蘸，还要轻轻地蘸。

梁河虽然有这么多好东西，但在云南的知名度不算高，主要是其他地方名气太大。德宏州，说起瑞丽、芒市，便让人想起美丽的"小卜少"，芦笙恋歌，月光下的凤尾竹，柔情万般，人人向往。盈江最近十来年，发现了犀鸟，大嘴巴，尾羽斑斓，一时间盈江之名不胫而走，全国的摄影爱好者趋之若鹜，盈江知名度陡然登高。相比之下，梁河很有些默默无闻的感觉，就是在云南省内，说米线，陇川的阿昌过手米线的知名度也大大高于梁河烧肉米线。但是真的说起来，梁河真值得一来，因为梁河除了烧肉米线和涮涮辣，还有可看可听的。

271

梁河县遮岛镇有一个保存完好的土司府，南甸宣抚司署，官署体量大，建筑豪华，被称为傣族"故宫"。用故宫来形容，可以想象当年南甸宣抚司署何等威风，直到今天，很多看过的人都惊叹不已。这个府邸还有一个看点，本来是傣族土司衙门，但建筑布局和规制却带有浓厚的汉族风格，原因是这位土司认为自己的祖籍在南京，应天府上元县。衙门里到现在还保留着清朝皇帝赏赐的土司大印、宝剑。到梁河，看看这处土司府，是对傣汉合璧建筑艺术的欣赏，也是对西南地区土司制度的体验认识。

这是看，还有听。

傣族是一个喜爱歌舞的民族，为歌舞伴奏的乐器主要有三样——铓锣、象脚鼓、葫芦丝。葫芦丝吹奏起来悠扬细腻，带有一种朦胧美，最能表现傣族人的民族性格。葫芦丝的发源地就是梁河。到现在，梁河仍然是葫芦丝最大的产地，小小一个县，能称得上葫芦丝吹奏高手的就有几千人。到梁河，听一曲葫芦丝版《月光下的凤尾竹》，该是多么惬意的享受。

酸辣典范
——芒市柠檬撒米线

　　撒在傣族饮食中的地位，怎么评价都不为过。在诸多撒中，柠檬撒是很重要的一个。与撒苤一样，和柠檬撒配合最紧密的，仍然是米线。同样是米线，撒苤米线追求的是苦，柠檬撒米线追求的是酸。苦显清凉，酸也显清凉，二者的目的和作用是相同的。柠檬撒和撒苤最大的区别不在别的，是调味的原料，撒苤用的是牛苦肠水和牛苦胆，柠檬撒用的是柠檬，因此一个味苦，一个

味酸。除此之外，二者所用食材基本相同。可以说，撒
苤与柠檬撒是兄弟。

　　做柠檬撒，先要备好盐、缅芫荽、小香菜、韭菜、
香柳、小米辣，还要备上猪肉或牛肉。既然是撒，都是
肉生，而且是剁得碎碎的肉生。主角柠檬，最好是青柠檬，
酸味足。做法简单明了，容易操作。盐、缅芫荽、小香菜、
香柳、小米辣剁碎加盐拌合，拌入猪肉生或牛肉生，用

刀将柠檬切开，挤入柠檬汁，柠檬撒就做成了，就这么简单。吃米线，往里一蘸，捞出来便吃。米线沾满柠檬撒，入口，酸味立刻在口腔散开，如是夏日闷热之时，这口酸味，刹那间能将闷热一赶而尽。细细品味，肉生鲜嫩，米线爽滑，柠檬的酸香回旋萦绕，那种感觉，就一个字：爽。当然，不是要你自己亲手做柠檬撒，在芒市，如若想吃这口，尽管找一个小吃店，和老板招呼一声，柠檬撒与米线立刻上桌，您便可尽情享用。

柠檬撒米线，无论在芒市还是在瑞丽，都是人们的日常食物，如同江南人的米饭、北方人的馒头。在芒市的小吃街上，想吃一碗柠檬撒米线，容易得很，抬眼便能看见。不过，如果是外地旅游者，老板给你端上来的柠檬撒，里面的肉可能不是肉生，而是炒熟了的牛肉末或猪肉末。不过，那酸味是不会变的。你就当是"撒"也可。你吃过这口酸香，定能体会到柠檬与米线结合的美妙之处，一定能够体会到傣族为什么对酸味如此喜爱，对果酸如此喜爱。

　　柠檬撒之酸，是果酸。果酸在云南很多民族的饮食中占有重要地位。云南很多民族是没有醋的概念的，取酸用酸，多用天然之酸。其实，世界各处，人类都有相同的经历。笔者在《酸食志》一书中曾说过这么一段话："人类最早接触的酸食，必定是果酸。我们的老祖宗是生活在树上的，至今仍然生活在树上的灵长类动物，依然以野果为食，就是活的标本。人类即便走下树来，仍然没有忘记那些曾经赖以活命的东西。"果酸是天然酸。在中国，运用果酸最为普及且运用得最精彩的，是云南，而傣族和同属于百越族系的壮族、布依族、水族更是此中翘楚。

　　云南人日常用作菜蔬或调味的水果至少有一二十种：树番茄、酸木瓜、生芒果、酸多依、野杨梅、柠檬、菠萝、酸角、梅子、青李子、泡梨、橄榄、石榴，等等。有一些只是用以调味，比如柠檬、树番茄、橄榄、青李子，更多的是直接食用。凉拌生芒果、酸角小焖肉、酸木瓜炖鸡、树番茄喃咪、辣拌多依果、菠萝饭，都是酸果美食。

以酸果调味做成的酸味米线，无论是柠檬撒还是番茄喃咪，那种迷人之美，都是对果酸最精彩的演绎。

傣族人对果酸的运用，远不止一个柠檬。在芒市，如果多吃几顿饭，就会有很多新的发现。

酸木瓜是云南特有的水果，并不是番木瓜科的那种木瓜，没有见过的人，绝对想象不出是什么模样。酸木瓜结果，最初的果实是青色的，成熟后转黄。莫以为黄色的果实就是甜的，酸木瓜无论青黄，一律酸得要命。人们吃酸木瓜，为的就是这果味十足的酸。酸木瓜是吃着酸，闻着香，那种果香，是任何其他水果都不具备的，甚至可以说是果香之冠。在云南，用酸木瓜煮鱼、煮鸡，很普遍，芒市人用酸木瓜煮牛肉，做成酸木瓜牛肉米线。把牛肉做酸，还和米线相伴，走出芒市，无有。

酸角外表像豆角，硬壳里包裹的却是黏黏的果肉和坚硬的豆子，酸角酸，不是一般的酸，生吃，简直无法入口。云南人不但用酸角做糖果，也以酸角入菜，到芒市，能吃到酸角小焖肉。

青芒果是很酸的果子，把青芒果皮剥了，切成长条，蘸盐和小米辣晒干碾成的辣椒粉吃。这种吃法，也扩展到菠萝，菠萝蘸辣椒，在芒市的小吃街上也能吃到。

柠檬撒是傣族美食，西双版纳、临沧、普洱都经常食用。柠檬撒要的水果之酸，近几年，各种酸味水果都进入芒市人的撒中，羊奶果、石榴、酸木瓜，都能做成酸味的撒，拿来配米线，各有各的风味。

芒市还有哪些酸味美食可以品尝呢？如果到了芒市，可以到小吃街转转，挑几样。

泡鸡脚。鸡脚煮熟，和萝卜片、小米辣丁拌合，用柠檬汁腌渍，鸡脚脆生，可做下酒菜，也可以当零食。

腌菜拌大烧。火烧肉切片，用水腌菜拌合，是腌菜之酸。面对游客的，不用大烧，用油炸酥肉，口味不变。

凉拌多依果。多依果是云南独有的一种水果，特点是酸，赛过山楂。凉拌多依果，是鲜吃多依果，最能体会多依果的清冽之酸。如果季节不对，没有鲜果，一定可以吃到腌渍的多依果，味道更为醇厚。

腌菜膏。用糯米米汤，将青菜叶或萝卜叶、野菜在坛子里泡酸，将酸水在锅里熬成黏稠状，便是腌菜膏。腌菜膏拌上缅芫荽末、小米辣丁，做成蘸水，蘸食油炸五花肉、细米线。较腌菜汤味道更酸，更浓烈。

柠檬水。在芒市，其是四季饮料。无论吃米线，吃饭团，或者酒后素饮，一杯柠檬水都是最好的饮料，解腻解酒。

这里说的，只是寥寥几种，芒市的美食美馔多多，不止酸食，苦辣甜酸各有其美，还是来芒市亲自尝尝吧。

临沧卤子米线

在临沧吃米线，进小吃店，说：要一碗米线。老板便会问：卤子、稀豆粉，还是清汤？老板说的是临沧米线的三个类型，这是临沧人吃米线与其他地方最为不同的地方。因为这三种米线，是临沧米线店必备的三种汤料，缺一不可。稀豆粉和清汤米线到处都能吃到，卤子米线却为临沧独有。

为什么叫卤子米线？因为汤料和罩帽合一，做成"卤

子", 米线又和卤子合一, 这就是卤子米线。即便在云南各地, 这也是一个很独特的吃法。所以说卤子米线, 先要说清楚什么是卤子。

卤子制作, 没有定规, 不同的米线店有不同的做法, 但有一个基本规矩, 只要不违背就行。首先是卤子的用料, 不要出圈。能加入卤子和汤料的食材, 大约有以下这些。

猪肉: 鲜肉、鲜排骨、筒子骨、腊排骨、火腿骨、猪小肠。牛肉: 包括牛肉末、卤牛肉片。鸡: 自然是土鸡, 包括鸡肉和鸡架。豆腐: 包括豆腐、油豆腐、油豆皮。

鸡蛋: 包括鲜蛋和卤蛋。菌子: 最好是鸡枞, 其他杂菌亦可, 如无, 人工菌也可。菜: 青笋、胡萝卜、豆芽、韭菜、茴香、白菜、豌豆尖、酸腌菜、木耳、海带等。调料: 盐、酱油、香油、葱花、芫荽、姜、蒜、辣椒粉、胡椒粉、白芝麻等。

　　光看食材，就知道卤子米线的制作有多繁复了。备好以上食材，便可以熬汤、做卤了。

　　卤子米线的汤料熬制，与其他米线无太大区别，一般都是土鸡菌子汤、土鸡筒子骨汤、土鸡火腿骨汤、土鸡腊排骨汤，或者多种食材混合炖煮。比如筒子骨腊排骨土鸡三合一，要的是汤的鲜味和香味。

　　再进一步，做成卤子，就各有各的做法。上述食材，如何选用，如何取舍，如何调配，是厨师的选择，但是万变不离其宗。其中有一点是共同的，即卤子炒制完毕，与汤料混合后，最后一道工序是勾芡，使卤子呈黏稠状。勾芡所用，有的直接用面粉调浆，用面浆勾调。有的是小粉勾调，也即北方地区做面条卤子的勾芡。无论是面粉做浆勾调，还是小粉勾芡，最终做成的卤子，已经接近稀豆粉，成黏稠状。

　　吃卤子米线，卤子之外，还备有可选用的各种帽子，肥肠、肉酱、卤牛肉、鸡肉之类。菌子油在临沧卤子米线中是重要的调味品，一般并不入卤，而是在米线入碗，

卤子盖上后，浇在卤子上，画龙点睛。

说完卤子说米线。

在云南，米线要么是干浆米线，要么是酸浆米线，但是临沧的米线特殊，既不是酸浆，也不是干浆，是酸浆加干浆，合在一起榨出来的，叫双浆米线。酸浆米线粗，干浆米线细，双浆米线比其他地方的干浆米线细，但是比西双版纳、德宏的傣式细米线粗。双浆米线既有酸浆米线的柔韧，又有干浆米线的顺滑，在云南各种米线中独树一帜。

临沧卤子米线的"卤子"两个字很特别。很容易和北方话中面条卤子联系在一起，最为特殊的是，临沧卤子米线卤子的勾芡做法，与北方面条卤子的做法完全相同。明代三征麓川，从全国各地调防了大批军人入滇，其中山西、直隶、山东、河南籍官兵人数不少。三征麓川之后，这些官兵很多被留在滇西，主要就是保山、大理和临沧。卤子这个中原方言的词汇，卤子勾芡这种北方做法，大概与这些北方人有关。如若真是如此，那这

个卤子米线，在临沧流行的时间，至少在四百年以上。

临沧这个地名，有两个概念，大概念是原先的临沧地区，现在地级的临沧市。小概念是原先的县级市临沧，现在地级临沧市的临翔区。卤子米线的主要流行地，是"小临沧"，也就是今天的临翔区。

临沧是一个多民族地区，世居民族除了汉族，主要有傣族、拉祜族、彝族、白族、佤族、布朗族、德昂族等。作为市府所在地，各民族的美食都集中在这里。因此临沧是一个民族美食汇聚的地方。要吃各民族美食，不用远走，临翔区即可。在临翔区，既能吃到汉族风味的卤子米线、腊肠腊肉，又能吃到傣族风味的撒苤喃咪、拉祜风味的烧肉剁生。更为重要的是，能吃到佤族的烂饭苦茶、布朗族的酸肉酸鱼、德昂族的灰笋烂笋。佤族、布朗族、德昂族的美食，走出临沧，很难全部尝到。因为临沧是这几个民族最集中的居住区。到临沧，可别着急走，多待几天为好，静下心来，尝尝各民族的美食。

试举几样。

佤族烂饭。佤族人吃饭，少吃干饭，也少吃稀饭，最爱吃既不干也不稀的烂饭。佤族人吃菜吃肉，不炒、不烤、不蒸、不烧，不单独吃，与饭混在一起，煮成一锅半干不稀的烂饭。临翔佤味饭店里的烂饭品类很丰富，猪肉烂饭、鸡肉烂饭、干巴烂饭等，都是肉、菜、饭三合一。最常见的菜，是青菜、茄子、辣椒。野菜野花就多了，总有十多二十几样。为求其烂，不用刀切，放在木舂里捣，捣得稀烂，混进饭里。

肉同样处理，鸡肉烂饭的鸡，因其小，连骨头一起舂。外地客人到临沧，吃得最多的是鸡肉烂饭和干巴烂饭，认为最合口，最好吃。

傣味"毫崩""毫吾展"。毫崩，是油炸红糖糯米粑粑。过去，日子艰难，是过泼水节时才能吃到的，现在已经是平常点心。傣族的泼水节，如同汉族的春节，要过泼水节了，家家做毫崩。糯米泡软，用石臼或木臼舂，边舂边加红糖芝麻，舂好了，拍成小饼状，晾干，油炸，炸得酥脆，就是毫崩。毫吾展与毫崩相类，但毫崩是生

米炸成，毫吾展是先将糯米煮熟，再加上红糖舂成泥，黏性十足，揪成小块，扔进竹簸箕，竹簸箕上铺上一层豌豆面，将裹了豌豆面的糕擀成薄薄的大片，下油锅炸，炸出来，酥脆且有豌豆香味。这两样，当点心、当零食皆可。

白族风格的粑粑卷。这是凤庆县鲁史镇的传统小吃，也是临沧好夜宵。粑粑卷的卷皮，是豌豆粉皮。卷住饵块，豌豆粉皮和饵块之间，是稀豆粉和各味调料。调料有葱、蒜、芫荽、油辣椒、核桃仁、花生仁、芝麻等。吃的时候，在炭火铁篦子上烤，外皮烤得酥酥的，内里却是嫩嫩的。这个小吃的特点是豌豆香、米香与调料香被稀豆粉混合在一起，味道十足。可当早点，可作宵夜，更是下酒的好菜。

布朗酸肉。布朗酸肉也可以叫酸肉生，将猪肉腌酸后做肉生吃的。布朗酸肉微酸，是极好的下酒菜，一口酒下去，再吃一口酸肉，清口，酒气全无。

拉祜烤肉。拉祜族自称是把虎肉烤香的民族。旧时，拉祜族人没有养殖业，烤的肉，都是野兽肉，现在烤的，主要是牛肉和鸡肉。烤牛肉，切片即可。烤鸡，用小嫩鸡，骨头软，整鸡拍扁，骨头拍酥，抹上调料。调料主要是干辣椒和花椒、盐，能吃辣的，加鲜小米辣。用鲜竹子劈成的竹片把肉夹住，放在铁架子上烤，烤得外焦里嫩，肉香中带着竹香。拉祜烤肉是临沧特有的小吃，能让人爱不释口。

德昂酸笋。酸笋煮鱼、酸笋炒肉、酸笋豆米汤，都是酸香扑鼻的美食美馔。德昂族人的酸笋煮鸡，是临沧名菜之一。德昂族人居处多竹，衣食住行，都与竹子分不开。吃一顿酸笋煮鸡，就能真切感受到什么是德昂味道。

临沧美食当然不止这些，炒蚂蚁蛋、干煸蚕蛹、油炸柴虫，都是极有特色的民族美食。到临沧，这么多民族美食，真的不应该错过，有时候，机会只有一次啊！

　　临沧不止有美食，更有美丽风光。临沧之名，得自澜沧江。三千里澜沧，最美临沧五百里。临沧是云南有名的茶乡，进临沧，就进了茶的森林。整个临沧古茶林绵延不断，古茶园片片相连。临沧还是云南最大的甘蔗产地，不少地方茶林之侧是蔗园，茶蔗交错，青绿相间，风景如画。

　　就只为看看澜沧美景，也值得来一趟，何况还有卤子米线，还有那么多临沧民族美食呢？

云县鸡肉米线

米线以鸡肉做汤做帽的不少，新平土鸡米线、弥勒卤鸡米线、峨山春鸡米线、丘北焖鸡米线、保山凉鸡米线，都是云南的名米线。但是，在云县人看来，要说鸡肉米线，数第一的是云县鸡肉米线。

云县鸡肉米线好在哪里？云县人说，鸡好，米好，水好，三好合一好。

鸡好。云县鸡肉米线用的鸡，是云县黑肉土鸡。黑肉土鸡皮黑肉黑骨头黑，不就是乌鸡吗？有什么稀奇？其实不然，云县黑肉土鸡还真不是乌鸡。乌鸡有乌鸡的模样，羽毛要么白，要么黑，无论白乌鸡还是黑乌鸡，都是黑鸡冠、黑鸡喙、黑脚爪。哪里见过花公鸡花母鸡是乌鸡的？云县的黑肉土鸡，是花色斑斓的鸡，与一般的土鸡没有多大差别，唯一的区别是没有羽毛遮盖的鸡小腿和鸡脚是黑色的，这是外观。宰杀后，黑肉土鸡的本质便暴露出来，皮是黑的，肉也是黑的，骨头也是黑的，与乌鸡的区别消失。云县黑肉土鸡还有一个重要的特点，健壮。一般乌鸡，都是人工饲养的，但云县土鸡却是放养的。云县地处热带丘陵地区，植物繁茂，山间林地草茂虫肥，这样放养出来的鸡，骨硬肉紧，油脂少而精，是吃饲料长大的速成乌鸡无法相比的。

米好。米线用米，是籼米，但是籼米也有不同。有的米籼性强，煮出的饭黏性不足，发散。有的米靠近粳米，处于籼粳之间，黏性好，是籼米中的精品。云县米线用的米，是本地产的优质大米。云县人很自信，认为走遍

云南,最好的米线出云县,好的特征是洁白、细腻、细长,韧性强,不断条,就是因为云县的米好。过去,云县米线都是用木榨榨出来的,现在虽然改用机器,但由于米好,云县米线仍不改木榨风格,榨出来的米线特点不变。

水好。云县多山,人们的饮用水源绝大部分是山泉水。做米线用的自然也是山泉水,泡米用山泉水,磨浆用山泉水,蒸煮用山泉水,清漂还用山泉水,这个米线何等清爽。炖鸡同样用山泉水,鸡肉自然清甜,鸡汤自然清鲜。

鸡好米好水好,云县的鸡肉米线当然好。云县人做鸡肉米线,第一步是炖鸡,炖鸡有三原则:"一鲜二慢三原味"。鲜,说的是鸡要现杀现炖,不能晾干脱水后炖,更不能冷冻过后再做烹饪。慢,说的是炖鸡要小火慢炖,炖到鸡肉酥软,汤汁浓白,鸡肉鲜味充分融化在汤汁之中。原味,说的是为鸡汤调味的不用重料,仅用草果、八角、胡椒儿味即可,为的是不夺鸡之本味。这样的鸡汤炖出来,做米线原汤,配上一勺青葱丁，一撮芫荽末，喜食酸的，放点酸腌菜、酸莲花白，喜辣的，放点油辣椒或者鲜小米辣丁，还有喜欢将旺子与鸡肉结合的，放点血旺、猪血旺、鸡血旺，无论怎么配，都能为汤之清鲜味道增色。

米线吃到嘴里，再吃一口鸡肉，该是何等美妙。

云县历史上是南方丝绸之路的一个节点，明清两代，这条路一直是一条繁忙的商道，直到民国初期亦然。《云县志》记载："云州小吃最盛于民国六、七年间，婚丧宴客，通用八碗，米线辅之，城乡皆然。"可见云县鸡肉米线的兴盛，不是今天才起，而是有着深厚的历史铺垫。清代，云南有一个有名的文人袁谨，曾写过一首竹枝词："云县蛮疆古大侯，卖糖依旧卖花绸，楼梯坡脚坐一坐，鸡肉米线一钵头。"袁谨所说的"楼梯坡脚"，是云县古城中一片坡地，历史上是木榨米线作坊最多的地方，也是人们吃鸡肉米线的最好去处，

这个地方还有一个名字，榨子门。今天已经走出云县，遍布云南各地的云县鸡肉米线的源头，都可以追溯到楼梯坡脚的榨子门。

云县也是一个多民族聚居的县，汉族之外，人口较多的民族还有彝族、白族、傣族、拉祜族、布朗族、傈僳族、苗族、回族等。鸡肉米线，是云县各民族共同的美食。云县米线，当然不止一个鸡肉米线，猪血旺子为主料的旺子米线、清真羊肉米线都是云县米线中的精品。云县还有一个在临沧乃至滇西都颇有名气的菜，羊头岩火腿木瓜鸡。这个菜把大理云龙县的诺邓火腿和云县的黑肉土鸡及临沧的白花木瓜结合在一起，做成一道美味佳肴。在云县，可以与鸡肉米线并称"云县双绝"。

云县好风光，最美的景色是漫湾百里长湖。云县东部与普洱的景东相邻，两县的分界就是澜沧江。20世纪80年代后，澜沧江建成两个大型水电站，漫湾电站和大朝山电站。两个电站两个大坝，形成了两个高峡平湖和

百里长湖。大坝雄伟,长湖浩渺,群山秀丽。澜沧江的美,在这里呈现到极致。到云县,不但有美食,还有美景,太值得一来。云县距滇红老家凤庆不远,游云县,在云县吃完鸡肉米线,吃完火腿木瓜鸡,再到凤庆喝一杯滇红,都是人生快事。

曲靖市 ☞

麒麟区麒麟水乡
麒麟水乡是乡村
旅游的经典所在，
花红柳绿，水道
纵横，水乡风情
尽显无疑。

沾益区 ☞

珠江源景区
"一水滴三江，
一脉隔双盘。"
这里四季气候宜
人，百花常开，
引得鸟儿争相鸣
叫，各色风景美
不胜收。

会泽县 ☞

大海草山　大海草
山——被《国家人文地
理》杂志推荐为全国
108 个绝美地标之一；
旅游资源突出表现为
峰、草、水、光、花、云、
雪、洞；春夏季节草长
莺飞、羊群如云，秋冬
时节云飞雾涌、白雪皑
皑……不同的时候，便
有不同的草山。

会泽古城　会泽古城亦
称会泽石城，历史悠久，
山川秀美，被誉为"乌
蒙山巅耀眼的明珠"。

念湖　碧水茫茫，无堤
无桥，处处芳香草岸。
偶闻湖泊深处传来"咕
嘎、咕嘎"的叫声，那
是黑颈鹤的欢鸣。

座一梦百年的沉睡之城——梦里
"哒哒"声响、梦里有龙云一身
举……

西藏"，单是仙人田那绵延起伏、
让你恍然置身塞外茫茫草原。大
月初至 10 月初的秋冬季节，山
片，层层叠叠，色彩斑斓，把大

鲁甸县 🦆

鸡公山大峡谷　鸡公山三面绝
壁，只有鸡脖子处有一条 70
厘米左右宽的险径可以攀缘而
上，勇敢者可以爬上鸡头去，
体验一下鸡公山的雄奇险秀。

镇雄县 🦆

鸡鸣三省观景台　鸡鸣三省观景台又
称雄鸡唱晓观景台，位于景区老鹰岩
崖岸上，观景台为雄鸡形状。鸡身立
于崖岸，鸡冠悬于峡谷之上。从这里
可以看到云南、四川、贵州三省交界
的峡谷风光。

石人山　历经风雨，却仍旧壮观。

的鬼斧神
阁的雄关
的石岩被
形成一道
住了古代
了独特的

曲靖人的"拽米线"
——大锅牛肉米线

以牛肉做帽子的米线，多种多样，红烧牛肉、清汤牛肉、卤牛肉、牛肉杂酱，遍布云南各地。新平戛洒牛肉汤锅米线、个旧团山带皮牛肉米线，都是牛肉米线中的佼佼者。清真米线中，牛肉米线占有很大比例，昆明大酥牛肉米线就是清真米线。位于滇东的曲靖，有一款可以与大酥牛肉米线媲美的米线，"拽米线"。

"拽米线"，听起来有点怪，何为"拽"？云南方言，

"拽"包含自傲的意思，如果用普通话翻译，是"很牛"，那么拽米线，就是很牛的米线、压人一头的米线。

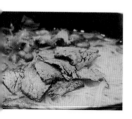

　　拽米线其实就是大锅清汤米线，牛骨牛肉大锅煮，汤是汤，肉是肉，原汤化原食。吃米线，牛肉切成大片，大碗清汤，大片牛肉，还要配上一勺牛肉臊子，双料。

米线白、葱花青、辣椒红，一股清香气息，最能契合清真的本源。很多外地的回族到曲靖，吃过拽米线，都赞叹不已，认为是清真美食中的精品。

　　曲靖是一个在饮食上很能创新的城市，仅小吃，近十多年来，就创出两款，一个是蒸饵丝，一个就是拽米线。不仅在曲靖深得人心，且都走出曲靖，在省城昆明打出一片天地。

　　拽米线最早出自曲靖富源县，在富源时，还是窝在小巷子里的不知名小馆子，这个米线扬名，是店开到曲靖以后。在富源做这个米线的时候，就是牛肉米线，没

有什么名号，但是不少吃过的人都说，这个米线太拽了，汤拽、肉拽、米线拽、味道拽。老板受到鼓励，到曲靖开店，干脆就叫了个"拽米线"。没想到大受曲靖人的欢迎，口口相传，把这个小店挤得水泄不通，老板招架不了，只好开新店，且开一家火一家，不长时间就成了连锁店。据说仅在曲靖一个地方，每个月就要宰杀黄牛五十多头，消耗二十几吨米线。这个新生的曲靖米线，风头不输有几百年历史的昆明大酥牛肉米线。

与拽米线相同的，还有一款年轻的曲靖小吃，蒸饵丝。饵块、饵丝，昆明人、大理人、保山人、临沧人，做得已经很精了，烧饵块、卤饵块、煮饵块、炒饵块、粑粑卷，都做得很好。昆明卤饵块、巍山炪肉饵丝、腾冲大救驾、文山余肉饵丝、普洱豆汤饵丝，把能运用的烹饪方式都用上了，曲靖人还能玩出什么名堂？能，曲靖人不烧、不炒、不煮、不卤，

而用"蒸"。这一蒸，蒸出了特色。北京焖面、山西焖面，不煮不炒，焖，绝活。曲靖人也一样，不煮、不炒，蒸，也是绝活。蒸饵丝，是将饵块切片，再将片切成细细的丝。上笼屉蒸至软而不粑，入碗，加入酱料、韭菜、豆芽，拌开，嗜辣者还可自己加点油辣椒，入口不像米线滑爽，却有面食的口感、米食的香味。就这一个蒸，就为云南饵块增添了一个新的烹饪方式。可见曲靖人创新精神了不得。

比起大理、丽江、西双版纳、腾冲、瑞丽这些地方，曲靖在省外的知名度不高。在外省，少有人知道曲靖，更不知道曲靖是云南省第二大城市。但如若讲讲云南历史，就会让人对曲靖肃然起敬。因为，云南历史上的统治中枢，从西晋到唐代，五百多年都在曲靖。

云南在西汉时期，已经进入大汉版图，但是汉末以降，内地纷争，云南又成为化外之地。三国时，蜀国领云南，蜀人将云南称为南中，蜀国当时面对魏、吴，自顾不暇，对南中的经营有心无力，诸葛亮七征南中，对乌蛮豪强孟获七擒七纵，就是有心无力的体现。这时候

实际控制南中的，是诸多"大姓"和"夷帅"。蜀国丞相诸葛亮要想管理南中，也得依靠这些"大姓"和"夷帅"。大姓和夷帅们的地盘，实际上是自立的，只是名义上归属中原王朝。大姓和夷帅们为了站稳脚跟，既相互争斗，也相互联合，最有效的办法是联姻，做儿女亲家，这种联姻，还有专用名词"遑耶"。大姓与大姓之间也联姻，也有专用名词"自在耶"。曲靖在当时还有一个机构，"明月社"，这是一个用于盟誓的场所，大姓、夷帅们为某件事，要联合起来，歃血为盟，就到明月社。中国历史

几千年，这种机构，只出现在曲靖这个地方。蜀国对其的管理，实际上是一种名义上的管理。诸葛亮在云南设立了一个都督府，庲降都督府，这个都督府就设在曲靖。三国归晋，西晋又在云南设立宁州，州府仍然设在曲靖。南中的大姓和

夷帅们——孟氏、吕氏、爨氏、雍氏、毛氏，历经百多年的争斗，爨氏坐大，成为南中的实际统治者。中央王朝既然鞭长莫及，也就顺水推舟，将宁州刺史的官号授予爨氏。自西晋泰始六年爨氏执掌宁州起，到唐天宝年间爨氏亡于南诏止，历经五百三十年。这五百多年，云南的政治经济中心就是曲靖。

云南的历史文化四个阶段中，承上启下，使汉文化与边疆民族文化融合，延续中原文化在边疆存在，最关键的就是爨文化。而爨文化的核心，就在曲靖。可见曲

靖在云南历史文化中的地位何等荣耀。现在，曲靖境内还有两块晋代和刘宋时期遗留下来的碑石，一块小爨碑，一块大爨碑。晋代正处于隶书向楷书转变的时期，隶书向楷书转变，中间环节的文字形态到底是个什么样子，过去是不知道的，因为没有实物史料。这两块碑，是中国书法隶楷转换之间的真实标本，在中国文字史上，可以说是里程碑。

深厚的历史文化底蕴，也体现在曲靖饮食文化之中。曲靖市三区五县，都有自己的代表性美食，而且都名气不小。会泽羊八碗、曲靖韭菜花、宣威火腿、倘塘黄豆腐、沾益辣子鸡、陆良板鸭、富源酸汤猪脚、罗平五花饭、师宗春鱼等，在云南美食榜中，都占有重要席位。仅就米线而言，就有罗平羊肉米线、沾益辣子鸡米线、宣威火腿米线，当然，还有大锅、宽汤、大片牛肉的拽米线。到曲靖旅游，尽可以选择几样尝尝。

沾益辣子鸡米线

　　沾益辣子鸡米线，是由辣子鸡延伸出来的一款米线。这种延伸很自然，因为沾益辣子鸡调料用得特别重，重到二者比例反过来，不止用得重，还是多种香料的组合，五香齐备，味道极浓。吃沾益辣子鸡米线，不止是品味鸡香，也是品味辣椒带头的调味料之香。米线垫在碗底，上面是一大勺辣子鸡，鸡块被调料裹住，调料把米线压住，油汪汪的一碗，散发着浓浓的辣香，一箸下去，辣

味香味立刻充满口腔，不待咽下，就迫不及待夹起第二箸。可以说，在所有米线中，能超过沾益辣子鸡米线浓香味道的，不多。沾益辣子鸡不止能拌米线，拌饭、拌面也都能让人吃得欲罢不能。

辣子鸡，云贵川渝都有，川菜、黔菜、滇菜都入本系菜谱。但是做起来，大不相同。重庆辣子鸡，是干炒，鸡块先进油锅，炸成干鸡块，辣椒亦然，成菜后辣椒与鸡块分离，味道是麻辣干

香。沾益辣子鸡，却是重油混炒，花椒只是借味，更重姜蒜，辣椒完全将鸡块包裹，是鲜辣油香。用重庆辣子鸡拌米线，是拌不起来的，拌到最后，还白是白，红是红，各吃各的。但是用沾益辣子鸡拌米线，却能将鸡块、辣椒、米线混成一体，一口下去，多种味道。

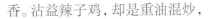

沾益辣子鸡，辣椒好，是必须的。鸡好，更是必须的。沾益辣子鸡，不用洋鸡，用土鸡；不用母鸡，用公鸡。鸡龄更是讲究，育雏时间要恰到好处，刚刚育成大鸡便是烹调对象，而且都要现杀现烹。在沾益吃辣子鸡，

无论是配米饭，还是配米线，还是作为下酒菜，无论是几个人吃，都是顾客进店，自己挑鸡，挑好了，当面称斤，核对无误，小工三下五除二褪毛洗净，交给后厨。此后您就等着吃吧。在沾益吃辣子鸡，您得有点耐心，不能催。两三个人，一只大鸡您吃不完，只能打包带走，但是活鸡现杀的规矩不能破。沾益辣子鸡如此鲜嫩美味，缘由即此。

　　沾益辣子鸡是滇菜名肴，沾益人是很骄傲的。不止辣子鸡，沾益人对家乡美食的热爱，有时候很偏执，认为沾益美食在云南应该排在前几名。沾益小粑粑不输喜洲粑粑，带皮羊肉不输寻甸羊肉，糊辣鱼不输宾川海稍鱼，菌子菜不输师宗菌子，辣子鸡更是不逊永平黄焖鸡。前些年曲靖推出旅游宣传词：玩在云南，吃在曲靖；沾益人就接过下句：吃在曲靖，味在沾益。

　　沾益和曲靖是双子城，两城相距不远，现在城市规模扩大，沾益与曲靖已经连在一起，沾益前些年已撤县改区。历史上，曲靖和沾益也是分分合合，纠缠不清，现在终于融为一体。曲靖宣传本地美食时，自然将沾益

辣子鸡囊括进来。

沾益辣椒鸡的历史不长，几十年功夫吧。创制这道名菜的是沾益一个家族——龚家。龚家是世族大家，祖上名龚起潜，是沾益富商。徐霞客两次到沾益，两次都投宿龚起潜家，龚家无微不至地招待了徐霞客。徐霞客第二次到沾益，是由曲靖重返，到了龚家，龚家正在唱堂会，人都在前院看戏，徐霞客不惊扰主人，自己从后门进入，沐浴更衣，很是随便。由此知道，龚起潜性格随和，与徐霞客交情不浅。龚家后人，仍然经商，并且

创出沾益辣子鸡这道名菜。善于经商，大约也是有传承基因的。

沾益的名字，是元朝才开始有的，但是这个沾益很奇特，屡次搬家。最初的沾益，是汉代的一个县——宛温县，位置不详。从两晋隋唐直到宋，一直沿用宛温这个名字。元朝改名沾益。不过这个沾益，是今天的宣威。明朝晚期，沾益州城被乌撒攻陷，州官逃跑到交水，新建了一个城，还是命名沾益，徐霞客到沾益，就住在交水，他写《滇游日记》，记录的也是交水。这个交水，就是今天的沾益。

沾益不但有好吃的，还有好看的，最值得一看的是珠江源。万里珠江，源头就是沾益一个山间溪流。这小小水流，汇集百千，最终成为中国第三大江河。在广州看江，夜色朦胧，一江灯火，花船巡游，大桥通明，何等瑰丽，那水，就是从沾益发源的。到沾益，不能不来珠江源看看。珠江源景区还包含了马雄山、天生洞、花山湖。南盘江环沾益而过，也是一道风景。距沾益城不远的大坡乡，有一片湿地，其中还包含了一个天坑群，

山水奇异，是典型的喀斯特地貌，一向有"小桂林"之称。除了风光，还有古迹，秦代李冰在修建都江堰之前，就主持开凿了通往云南的五尺道，由宜宾入滇，终点曲靖，最后一站就是沾益，现在还有迹可寻。无论风光还是古迹，沾益都值得一游。

沾益的饮食风俗，与沾益的厚重历史多少有些关系，也和沾益的民族饮食风格有剪不断的联系。譬如，沾益辣子鸡是重油的，但是沾益人吃完辣子鸡，或者吃完辣子鸡拌饭、辣子鸡米线，都要喝一碗苦菜汤，这个苦菜汤，是清水煮，不放盐，蘸水中只有盐和胡辣椒，这是典型的彝族风格。喝一口如此清淡的苦菜汤，辣子鸡或辣子鸡米线的大油大辣立刻缓和。对很多第一次吃辣子鸡米线的人来说，这是一个让人惊奇的结尾，很多人迷恋沾益辣子鸡，迷恋这个香、辣并在的辣子鸡米线，大约这碗清水苦菜汤的配合也是一个因素吧。

会泽美味
——羊肉米线

　　到会泽，吃米线，问当地人哪种米线最好吃，答案一定是羊肉米线。在云南，会泽羊肉汤锅名冠全省，同样，会泽羊肉米线也可坐上羊肉米线的第一把交椅。因为，会泽不但是云南有名的黑山羊之乡，也是历史上引领云南财富五百年的美食之乡。

　　黑山羊也叫云岭山羊，从滇西到滇东，广泛分布于哀牢山、无量山、乌蒙山区，数量最多的地方在滇东北，

把羊肉菜肴做到极致的,是会泽。最有名的,是会泽"羊八碗"和带皮羊肉汤锅。

会泽的羊肉汤锅,说起来,烹饪很是简单,调味只用两味——盐、花椒。大锅清水,敞开锅盖,文火炖煮,两个时辰便成,如此简约的烹饪方式,做出来的汤锅羊肉却美味无比。这是清香口味,如要做成浓香,则另用一锅,沸油炝干辣椒,趁热炝入汤锅中,则成浓香口味。吃汤锅羊肉,蘸水也不复杂——以盐、糊辣椒、绿花椒、羊汤调和。吃米线,只要浇上羊汤,罩上大片羊肉,撒上小韭菜末、嫩薄荷叶。喜酸者可以调入香醋,喜辣者可以加入辣酱、油辣椒,喜麻者可以放点花椒粉。羊汤味浓,羊肉鲜香,米线软滑,诸料齐备,即便食欲不振,在这样的米线面前,也禁不住诱惑。

会泽的美食传统极为深厚。会泽长期以来都是东川府的府城,东川府在中国两千年的历史中,曾经多次担起"铜都"的名号。饮食业的发达,是要靠财富流支撑的,会泽在明清两代,不但是铜都,而且是中国南方最大的铸币中心,铜商云集,铜运繁忙,钱流汹涌,富甲

一方。会泽又被称为"钱王之乡"。钱流就是财流，明清两朝，会泽城内会馆相接，酒肆林立，五百年繁荣不减。那时的会泽，不但有高官富商们享用的公馆菜、会馆菜，也有跑运输的马哥头们的马帮菜、普通工匠们的铜工菜，无论奢侈还是节俭，都精炼出一批经典菜肴。会泽的美食传统，正是建立在这个基础之上的。

　　会泽冶铜历史悠久，最早可追溯到春秋时期。据考证，四川三星堆的那些铜人铜马铜祭器，用的就是会泽的铜。蜀国历史，历经蚕丛、柏灌、鱼凫、杜宇、开明五帝，三星堆大致就在杜宇这一阶段。杜宇的老家，就在滇东北。老家的铜拉到成都，对杜宇来说，自然简单。会泽铜大放异彩、名声远扬是在汉代。最初并不是因为铸成铜钱，而是因为铜盆子。汉到两晋，会泽的铜盆名闻全国。古代称盆为"洗"，会泽一带，古名堂琅，会泽出的洗，就叫堂琅洗。由于工艺精良、造型精美、花纹漂

亮，是当时的高档消费品。哪位小姐、太太能得到一个堂琅出的铜洗，那可是大礼物，能高兴得几天睡不着觉。唐宋时期，会泽冶铜业者又发明了白铜，即铜镍合金。镍的冶炼成功并做成铜合金，比西方足足早了一千年。白铜器具，质硬而明朗，所制器具更耐用。文人们的笔筒、笔帽、镇纸，富人衣服上的铜扣，女人头上的簪子，自此大都改用白铜，风靡一时。宋元之前，会泽是中国最大的铜工艺品出产地，明清两代，更担当起朝廷铸币重任。自明嘉靖起，滇铜成为铸币铜料的主要来源，到清中期几成唯一。额定滇铜运京，每年九千六百万两，占当时朝廷铸币用铜的八成之多。这些铜，绝大多数出

自会泽。乾嘉之时，会泽经昭通、盐津到宜宾的道路，
主要运输的是两样东西，一个是鲁甸的银，一个是会泽
的铜。这条先秦时期李冰开凿的五尺道，历代扩修，到
明清两代，简直成了一条金路。会泽不但向京都输送铸
币铜料，而且朝廷特许，就地开设铸币局。明代嘉靖通
宝为开端，雍正乾隆两朝，会泽先后建起新旧两个"宝
云"铸币局，自雍正通宝、乾隆通宝，直到民国初年，
延续铸币二百余年。"钱王之乡"的名号，对于会泽来说，
实在是实至名归。

铜业的发达，引来各省官员和商人，招来各地工匠。采办京铜，除了朝廷要派驻财政大员，监督各个炼场，分拨铜运额度，各省各府同样为采办铜料，还要派官员长驻。

而各省落籍会泽的大小商人更多。为方便本省本府人员聚会、寄宿、祭祀、娱乐乃至救济，各地商人要联络联谊，各类会馆应运而生。会泽城内，仅省级会馆就有八个，还有一批府、县级会馆，连云南各府县都联合起来，开设了云南会馆。会馆林立，饮宴奢华，迎来送往，日日不歇，会馆菜被雕琢得精上加精。今天，要体会当年的会馆菜，仍能在会泽寻到踪迹。正星楼的羊八碗便是。会泽羊八碗分别是峰浪望月、万里蹄花、葱芫杂碎、四季水煮、红烧羊肉、黄焖羊肉、香葱末肉、糊辣炒肝。同样是羊肉，峰浪望月是荤菜凉盘，民间少见，而且选料精致、码盘讲究，透出一股富贵之气。同样是羊杂，葱芫杂碎的烹调极尽细密，而且调味只用小火葱花和小芫荽，讲求汤色清亮，力求其鲜。就是马帮菜、铜工菜，也创制出很多精品。现在，会泽流行的小

吃灰豆腐、稀豆粉、燕麦粑、荞包子，乃至羊肉汤锅，多为当年马帮菜、铜工菜的遗续。想当年，马哥头们一趟行程完毕，回到会泽修整；在炼炉前劳累一天的铜工师傅走出炼场，要用一顿饱饭消除疲劳。大锅支上，大块羊肉煮上，青菜、洋芋、薄荷一起来，吃完羊肉吃米线，浓汤煮的好米线，大碗盛上，苦中作乐，何等之美。

今天，会馆已成为文化遗迹，马哥头没有了，只有铜工的后代们还生活在这个曾经的东川府城。但是，羊八碗还在，羊肉汤锅还在，羊肉米线还在。来会泽看古城，看会馆，看嘉靖通宝，看完，一定要吃一顿会泽的羊肉汤锅，吃一碗汤锅羊肉米线，也美他一把。

好酱煮得好米线
——昭通杂酱米线

昭通地处川黔两省夹角之中，食俗上难免受到川黔影响。川菜麻辣，黔菜酸辣，滇菜甜辣，都聚会在昭通菜和昭通小吃中，昭通味道兼顾酸甜辣麻，味道丰富，在云南各地菜中独树一帜。

昭通是彝族的发祥地，彝族饮食风格深刻影响着这个地区。自秦汉以来，汉人不断迁入，历代不绝，汉风汉俗逐渐成为昭通饮食文化的主流。清代之后，回族大

量迁入，昭通食俗受清真饮食的影响也不容小觑，所以，昭通饮食文化多源性特色鲜明。就米线而言，昭通米线的丰富程度甚至超越滇中地区，几乎每个县都有自己的当家米线。昭通人调侃，没有吃过昭通十八种米线的人，就别说来过昭通。昭通米线多姿多彩，让昭通人有骄傲的资本。

昭通米线品种的确丰富，有些是与其他地方共有的，如羊肉米线、猪脚米线、臭豆腐米线、肠旺米线；有些是其他地方没有的，如燃米线、红烧肉米线、凉片米线、酸菜红豆米线。这其中，流行于昭通，且最能体现昭通特色的，是杂酱米线。因为用的酱，是昭通酱，是最典型的昭通味道。

昭通酱在云南的地位，无人无地能够撼动，昆明、玉溪、大理等地也有很好的酱，但是在昭通酱面前，都要谦让。和家庭主妇提起昭通，她们首先想到的，必定是昭通酱。昭通酱是豆酱，可不同于北方各地的豆瓣酱、黄酱、大酱、面酱。云南的酱，包括昭通酱在内，都是复合酱。除了黄豆，占有重要地位的还有辣椒、花椒，

此外，各种香料也是重要辅助，包括山奈、八角、草果、茴香、陈皮等。昭通酱已经有一千五百年左右的历史，从有《齐民要术》的时候就有了。做酱的技艺，可以说是千锤百炼，自古就形成了成熟的酿制工艺。对昭通酱的评价，是二十八个字——"色泽棕红，鲜艳油润，酱香浓郁，酯香宜人，味鲜醇厚，麻辣咸香，入口回甜"。别处的酱，如果要做酱爆鸡丁，还要加入不少配料，用昭通酱则不必，有鸡有酱即可，下锅爆便是，出来就是一盘好菜。 在云南，多数人家的橱柜里，都会有一瓶昭通酱，云南人外出旅游，很多人要带两样东西，一个是酸腌菜炒末肉，一个是昭通肉酱。一旦吃不惯当地饭菜，这就是最好的下饭菜。昭通人到外地探访亲友，带的礼物中，昭通酱不可少，礼轻情意重，带去的是家乡味道。

昭通杂酱米线，用昭通酱炒鲜肉，做成杂酱。杂，是说不但包含了昭通酱和末肉，还有其他酱料和配料，比如芝麻酱、花椒尖、葱、姜、蒜等，炒成的杂酱甜辣相济，麻味突出。杂酱米线，鲜菜相配——豌

豆尖、青笋尖、小油菜、小菠菜、烫韭菜、胡萝卜丝等，自然也少不了酸腌菜。杂酱、腌菜、青菜与米线拌合，浓香与鲜香共在，这是昭通人最在意的味道。

昭通人的早点，不止有各种各样的米线，还有很多选择，油糕稀豆粉、油糕饵块、酸辣饺面，都是昭通人常吃的。但是在昭通小吃中，最为突出的还不是这些，而是土豆。昭通人所说的油糕，其实就是油炸土豆泥拍成的饼子。说起来，在昭通，土豆的地位比米线高多了，这也是滇东北与滇中、滇南的区别。

昭通的气候特点与云南大多数地方不同。云南大部分地方无四季之分，但是昭通却四季分明，与长江对岸的宜宾相象。因此滇东北的物产与滇中、滇南大不相同。昭通市范围内，永善魔芋、镇雄竹荪、威信竹笋、大关茶叶、巧家红糖和各县都作为主要作物种植的苦荞，都是云南有名的地方特产，且都是旱地作物。昭阳区最出名的两样，也是旱地作物——苹果和洋芋。昭通苹果是云南最好的苹果，大概也是西南地区最好的苹果。种植

历史并不长，是 20 世纪 30—40 年代由四川引入的美国品种。西南地区，气候条件最接近北方的就是昭通，纬度低，海拔高，冬夏温差大，所以昭通苹果果肉甜美，在川滇黔皆有名气。同样，昭通的气候土壤条件也适宜洋芋生长。云南人有一句口头语："吃洋芋，长子弟。"外地人听来难以理解，子弟，在云南话里有英俊的含义，是说吃土豆能使男孩子更高大英俊。可见土豆在云南人心目中的地位。云南土豆最大的产区就是昭通。烤土豆是昭通人心爱的小吃，吃烤土豆，常常要在土豆上抹酱，这酱自然是昭通酱。即便是早餐，也有人就吃烤土豆蘸酱。这在外地不可想象。

一个地方的特产，和一个地方的饮食习惯紧密相连。昭通饮食中洋芋地位高，很自然。因为洋芋在昭通人生活中太重要了。当菜吃的有烧洋芋、煎洋芋饼、炒洋芋丝、炸洋芋片、粉蒸洋芋、红烧洋芋、老奶洋芋、洋芋圆子、酸菜洋芋汤等，几乎可以做一桌洋芋宴。还能当饭吃：洋芋焖饭。老奶洋芋是昭通洋芋菜的典范。将洋芋焖熟

捣碎，葱花炝锅，下锅翻炒，调味用昭通酱，炒到软烂。因为软糯味浓，没牙的老太太吃都没问题，因此称老奶洋芋。其他地方的人吃洋芋，也就一顿两顿，不可能天天吃，昭通人吃洋芋，可以说是天天吃。早餐油糕稀豆粉、油糕饵块便是。

　　昭通饮食，排在洋芋之后的，是红豆。不是上海人说的赤豆，也不是北京人做豆馅的小红豆，是大红豆。东北人包粘豆包，用的就是这种大红豆。昭通人不用来做馅，做成红豆酸菜汤，与稀豆粉有异曲同工之妙。红豆泡软，下锅煮，煮到软烂，豆香溢出，揭开锅，豆汤呈棕红色，将酸腌菜剁碎倒入，下昭通酱、辣椒粉、花椒粉、姜片等，再开锅，红豆汤做成。于很多家庭而言，这是日常菜肴。昭通家庭，秋冬吃饭，因为屋里没有采暖装置，饭桌与暖炉合二为一。家人围炉而坐，周边是菜盘与饭碗，中间火眼挑开，蹲一铁釜，红豆汤居中，红褐色汤中翻滚着红豆豆、绿丁丁，舀一勺，红豆糯、酸菜脆。抿一口酒，吃一粒豆，满口香喷喷；泡一碗饭，

喝几勺汤，浑身暖洋洋。

　　土豆好，红豆好，也挡不住昭通人对米线的热爱。在昭通吃米线，除了杂酱米线，还有几样可以尝尝，都是带有川黔色彩的昭通风味。猪脚米线，在昭通叫蹄花米线。味道接近宜宾蹄花面，带点川味的麻。红烧肉米线，就是用红烧肉做帽子，红烧肉汤也浇进来，很解馋。熏肉米线，帽子是熏肉，和红烧米线一样，属于解馋食物。泡椒米线，黔味十足，清爽但辣味稍过，是嗜辣者的选择。香菇米线，清雅且价廉，是女士米线。凉片米线，将猪肉切成大片，铺在米线上，浇上红油辣椒，加点薄荷、香菜，既是饭，也是下酒菜，喝酒之人之爱。在昭通吃米线，就各取所需吧，总有一款适合您。吃过几顿米线，想换换口味，那就尝尝油糕稀豆粉吧，那可是豌豆与土豆的完美组合。

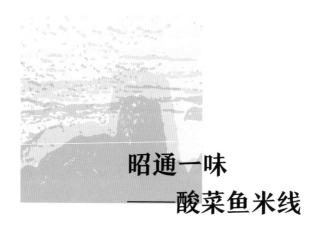

昭通一味
——酸菜鱼米线

　　昭通米线十八味，有一味很值得一说——酸菜鱼米线。云南是一个多水的省份，省域内江河纵横，湖泊星布，鱼产丰富。但是，米线与鱼相配的，仅此一款，酸菜鱼米线，且流行度很低，即便是省城昆明，也难寻觅。吃酸菜鱼最多的地方是昭通，昭通下辖的昭阳、大关、水富，都流行酸菜鱼米线，所以，想吃正宗的酸菜鱼米线，最好的地方是昭通。

　　酸菜鱼米线所依的，是酸菜鱼。酸菜鱼，从根上说是川菜。在云南，最接近川菜风格的，是昭通菜。所以，昭通的酸菜鱼，味道正宗。何以如此说呢？因为同为酸菜，川酸菜和滇酸菜的味道不同。川酸菜的主味是酸辣，滇酸菜却增加了一分甜——甜酸辣。这点甜，有的是红糖，有的是白糖，有的是冰糖，这与滇菜的甜辣风格是相契合的。但是，用滇酸菜做酸菜鱼，甜味过浓，吃惯了川味酸菜鱼的人不习惯。所以，昭通酸菜鱼，用的还是四川风格的老坛酸菜，保持酸辣风格。在凤凰卫视访云南美食的节目中，寻找的酸菜鱼米线，就在昭通。他们写寻访和品尝的经历："《美食指南》写作小组探店昭通昭阳区吾家酸菜鱼米线，一家源自大关县的小吃，美女老板邓女士是餐二代，继承的是父母辈的手艺。用大关的扁杆青菜腌制而成的酸菜，与番茄发酵成的酸汤一同煮出来的酸菜鱼米线，鲜香酸爽、十分开胃，无刺的鱼片鲜嫩爽滑，男女老幼都喜欢。那种酸味源自植物之酸，没有一点酸醋，也是一样的酸爽过瘾，特别开胃解酒，满满的一碗酸汤下肚，特别舒服。配酸菜鱼米线的油炸小豌豆、干辣椒，吃起来酥脆香爽，十分逗嘴。"

这里说的酸菜，便是四川风格的酸菜。

川酸菜与滇酸菜的不同，表现在多方面。笔者曾在《酸食志》一书中做过叙述。云南酸腌菜用的是云南人称之为苦菜的大叶青菜，苦菜在云南也分两种，大苦菜和小苦菜，都可以做酸腌菜。但如果用大苦菜，则要挑个头小的，个头大的苦菜菜梗太宽，叶太大，所以用小苦菜的为多。同称酸腌菜，却也分两种：水腌菜和干腌菜，菜相同，腌法不同，水腌菜一般是整颗菜入坛腌制，而干腌菜要将小苦菜切成小段。云南人腌菜，用到的调味品很多，除了盐，还有红糖、白酒、八角、茴香，最重要的是辣椒粉。先将苦菜在通风处晾晒，待其脱水发蔫，再用水洗净，洗净后再晾，水分必须全部晾干。如果腌水腌菜，晾晒到菜叶干即可，如果是腌干腌菜，则要进一步，菜叶菜杆进一步脱水方可。之后便是在大盆中将菜与各色调料混合起来揉制，务必使调料与菜杆、菜叶紧密结合，方可放入腌菜坛中压实，一般天气，发酵一个月后即可食用。云南酸腌菜，最大的特点是甜味与辣味相济，呈甜辣味道，喜甜的人家，用糖量较大。

但是，腌制酸腌菜所用的辣椒，都是四川人称之为二荆条的辣椒，辣度中等，是绝对不会用小米椒的。云南人做扣肉，垫底的一般都是甜味十足的滇酸菜，用川酸菜是不行的，太酸。但是云南人吃酸菜鱼，多用川酸菜，此时力求其酸。

四川的酸菜有两种。一种是泡菜，一种是酸菜。泡出来的是泡菜，腌出来的是酸菜。泡菜泡的时间短，随吃随泡，讲究脆。酸菜腌的时间长，柔韧有嚼劲，这便是老坛酸菜。这个老，不是说坛子有多老，而是腌菜的那坛盐卤要老，头一茬下坛的菜吃完了，接着下第二茬，只加盐，不换卤。川酸菜那股特有的诱人酸香，和用盐有关。四川酸菜、泡菜，都不用海盐，用井盐，而且必须是自贡的泡菜盐，认为自贡的泡菜盐腌出来的菜方为上品。川酸菜用的菜，也与滇酸菜不同，用大芥菜，芥菜杆和叶成熟后柔韧多汁，腌制过程中，芥菜与一同进入坛子的辣椒、生姜一起，在乳酸菌的作用下，多种味道混合、发酵、吸收、释放，揉合成一种特有的酸香。川酸菜可以做出多种多样的菜肴，最有名的，就是酸菜鱼。这个酸菜鱼，用什么地方的酸菜都做不出川酸菜的味道，因此，无论东南西北，各地只要打酸菜鱼招牌的，不用问，肯定是川味。

昭通人自认自己是"三川半"，意思是离四川人只缺半个。这个调侃，说的就是食俗。昭通川味十足的酸菜鱼米线，最能体现这句话的含义。

昭通吃酸菜鱼米线最多的是水富。水富是昭通市辖的一个县级市，这个市是从四川宜宾划过来的。如果说昭通的其他县是三川半，水富就是"三川九"。水富市 20 世纪 60 年代从四川宜宾划给云南，是三线建设的需要。当年四川要建钢厂，选址在攀枝花，攀枝花的行政区划，属云南永仁。云南要建天然气化工厂，也没有合适的地点，选中宜宾的一块地方。于是就出现了云南将攀枝花划给四川，四川也将一块地划给云南的一段历史。云南将宜宾划过来的这片地方与几个公社合并，设立了水富县（现为水富市），这就

是水富的来历。地方是划进来了，但是人的饮食习俗不会改变，不但不会改变，还会随着与其他各县的交流，不断融合、传播。昭通的酸菜鱼米线，大约与水富这个"三川九"也有关系吧。

鲁甸人的最爱
——红豆酸菜米线

鲁甸和昭阳是双子城，两城相距不远，古时候，都属于朱提这个区域，朱提银的主要矿区和窑址，都在鲁甸。昭通人吃得最盛的红豆酸菜，在这两个地方尤其突出。在鲁甸，红豆酸菜米线是很多家庭的家常饭食。

红豆酸菜米线，是红豆酸菜汤与米线的完美结合。这道小吃，不只出现在家庭饭桌，外地客人到昭阳、到鲁甸，主人设宴招待，宴会收尾的主食，也可能就是这

道红豆酸菜米线。红豆酸菜米线，结合了几种食材，形成了多种味道，酸菜脆而酸，昭通酱咸鲜回甘，红豆糯而豆香浓浓，米线滑而带有米香，陪伴这四个主角的还有干辣椒、青蒜、姜片、蒜片、花椒等。如是荤做，还有剁肉或大片的老腊肉。这样一碗热气腾腾、五味俱全的米线，该是怎样的美味啊！

鲁甸地处乌蒙山区，海拔高，冬季冷凉，围炉吃饭，是鲁甸人家进餐的方式。围炉的中间，一锅红绿翻滚、热气腾腾的红豆酸菜汤，可以泡饭，可以烫米线，也可以配上鲁甸特有的糯米粑粑，这饭吃得就暖意浓浓。鲁甸的饮食习惯既有气候的因素，也有民族的因素。鲁甸是多民族县，回族和彝族人口都不少，还有清代雍正之后从湖南、贵州迁入的苗族同胞。多民族食俗的相互浸润，形成了鲁甸饮食的多种特点。红豆酸菜汤只是其中之一。

譬如回族风格的糯米粑粑，是街头小吃，也是鲁甸人待客的点心。据说，鲁甸县政府招待外地来的客人，有两个小吃是必须上的，一个是酸菜红豆，一个就是糯米粑粑。鲁甸的糯米粑粑，既不是糍粑，也不是米饼，是用糯米粉和面，包馅烙制而成。馅料就很特别，不是花生，不是芝麻，也不是红糖玫瑰，而是苏子。苏子炒熟，舂成细末，与糖拌匀。糯米粉用开水和面，和成，已经半熟发黏，将馅料包入，拍成饼状，下锅烙。待馅料中的糖化开，粑粑半透明，出锅。出锅的粑粑，一个放入一个小簸箕。吃的人绝不能拿起就往嘴里送，那样会把嘴巴舌头烫出大泡。吃的时候，左手端起小簸箕，右手在饼的中间先揪一小块，晾凉入口。如此由内向外，

由上往下，循序渐进，慢慢吃完。有的小吃摊还在小簸箕里铺上松毛，便于散热，且增一分清香，也更具特色。

譬如苗族风格的"连渣闹"，也叫懒豆腐，但不是一般的懒豆腐，是加了蔬菜的懒豆腐——菜豆腐，可以说是懒豆腐的加强版。因为鲁甸的菜豆腐，是蔬菜混入豆浆后做出来的。大豆磨浆，点成豆腐之前，先将蔬菜混入。青菜、白菜、野菜均可，连萝卜缨子亦可，切成细丝，混入豆浆，然后再用卤水点，点出的豆腐将菜叶包裹其中。吃的时候，打蘸水，与豆花一个吃法，却更有菜的清香在其中，味道实是别致。

譬如彝族风格的"吹灰点心"。吹灰点心就是烧洋芋，最好的吹灰点心是牛粪火烧洋芋。过去，彝族同胞生活艰难，火烧洋芋都是在火塘里烧的，火塘中间烧火，旁边是扒出来的火灰。洋芋正是埋在火灰里，火灰温度没有炭火高，但不断从炭火里扒出来，持续对洋芋加热，使洋芋始终处于比较恒定但又不激烈的高温之中，最终皮焦瓤糯，内外皆熟。此时从灰堆里扒出来，整个洋芋粘满火灰，拿在手里太烫，于是左手倒右手，右手倒左手，

一边拍打，一边吹气，吹灰点心由此得名。也有将洋芋放在铁笊篱里，来回晃荡的，手是不烫了，但是吹照旧，还是吹灰点心。

吹灰点心这个名字现在还在用，但大多数地方烧洋芋，已经改用碳烤箱甚至电烤箱。过去洋芋烧成，拍打吹灰，掰开就吃，现在从烤箱里拿出来，干干净净，不用吹灰了。过去是拍开就吃，现在还要多点味道，蘸昭通酱、蘸腐乳、蘸辣椒面。即便不吹灰了，吹灰点心的名字也没丢。鲁甸人有洋芋情结，对烧洋芋情有独钟，这个外地人觉得很寻常的烧土豆，是鲁甸很重要的当家小吃之一。

说来，在鲁甸，只有酸菜红豆汤是没有民族属性的，是汉族、回族、彝族、苗族都离不开的美食美味，这其实是民族团结的一个象征。这是横向观察，如果从纵向剖析，鲁甸小吃的历史脉络也很清晰。鲁甸是朱提银的故乡，鲁甸人的很多饮食习俗与银矿开发有关。

鲁甸也有过很光辉的过往。作为朱提银的主要产地，有过两段极为兴盛的时期。朱提银的兴旺，在两个朝代尤其突出，只是这两个朝代相隔了一千五百多年。第一个兴旺期在汉代。鲁甸在汉代是中国货币的主要来源地。汉代以银为硬通货，八两为一"流"，普通银，一"流"值铜钱一千铢，但朱提银因为含银量高，定值铜钱一千五百八十铢。四川雅安出产的"汉嘉金"与鲁甸出产的"朱提银"，是汉王朝最主要的财政后盾。但是，到三国时期，天下大乱，中原统治者对云南鞭长莫及，鲁甸因之销声匿迹。第二个兴盛期在清代。清政府再次发现鲁甸的巨大作用，鲁甸银矿开发进入一个更兴盛的时期。最兴旺时，鲁甸一县，十多万人从事采矿、冶炼、浇铸、运输行业，一个乐马厂矿区，就年产银五十万两。矿坑与炼炉昼夜不歇，入夜，延绵数十里的矿区，灯火通明，车水马龙，城里大菜馆、矿坑小吃摊，同样延绵不断。正是朱提银的再次兴旺，使鲁甸成为一个消费能力极强的地方，众多富商用金钱托起了鲁甸的美食金字塔，众多窑工、炉工、马哥头，撑起了鲁甸平民小吃的

一片天地。鲁甸很多美食和小吃，那个时期就已经成形，仅一个红豆，就有了酸腌菜炒红豆、酸腌菜红豆老腊肉、酸腌菜火腿鸡丁烩红豆、酥红豆等一系列菜肴，并且在今天仍都是滇菜名肴。从晚清到民国，鲁甸银矿又一次衰落，商人败走，矿工窑工四散，鲁甸的饮食业也随之衰落。不过，有人在，总是要吃饭的，鲁甸传统小吃不会消失。鲁甸人吃酸菜红豆汤，已经吃了几百年，至今不衰，就是这个原因。其实不止一个酸菜红豆汤，今天在鲁甸吃到的小吃，很多都带有鲁甸清代辉煌时的影子。

鲁甸人很热情，有一段歌谣，是邀请外地客人到鲁甸，因为鲁甸有好玩的，还有好吃的。

街上传来一股糯米粑粑的清香，
回回寨子里面姑娘们搓荞面汤。
鲁甸人民热情好客又大方，
欢迎你们约的一党来鲁甸观光。

镇雄的三鲜米线

镇雄是昭通下辖的一个县。面积不算大，却是云南省人口第一大县，总人口一百三十多万，相当于丽江一市四县，是迪庆州人口的两倍多。何以叫银镇雄？因为在过去，农业社会的时候，人口众多，物产丰富，手工业发达，作坊密集，镇雄是一个富裕的地方，不亚滇西的腾冲。在清代和民国时期，有"金腾越，银镇雄"的称誉。昭通市是三省通衢，镇雄县是最靠近三省交界点

的那个县，鸡鸣三省。

云南可称为鸡鸣三省的地方有三个，一个是罗平县的鲁布革，一个是德钦县的羊拉村，还有一个就是镇雄的德隆村。鲁布革鸣的是贵州、广西，羊拉村鸣的是四川、西藏，德隆村鸣的是四川、贵州。鸡鸣三省，饮食风俗自然也具有三省的多种特征。昆明的馄饨，到了镇雄，就成了抄手。昆明、玉溪的清汤锅，到了镇雄，就成了黔风浓浓的酸汤锅。就一个米线而言，也如此，土鸡米线、焖肉米线的浓香味道，到了镇雄，被清爽型的羊肉米线和三鲜米线的清香替代。镇雄也有小锅米线，也有过桥米线，也有罐罐米线，但是镇雄人最为喜爱的，是清香

型的羊肉米线和三鲜米线。

中国人所说的三鲜，并非特指。鲜味食品多了，海鲜、河鲜，山野之鲜、乡土之鲜，随各地物产，各地食俗，各地人的喜好，都能凑成个"三"。

所以，镇雄，或者扩大到整个昭通地区，三鲜也不是固定的哪三种，但限于地产食材，能进入三鲜的食材，比沿海地区有所局限，毕竟没有海鲜，以山产、河湖产为主。虾仁、鲜肉、火腿、蛋丝、香菇、木耳、黄花菜等，是镇雄三鲜组合主要的食材。三鲜中也含时鲜青菜，就看节令了。镇雄的三鲜，还有一个说法，有肉三鲜、素三鲜、半三鲜之分。所谓半三鲜，是肉与木耳、时鲜蔬菜组合，荤素皆有，重在清鲜。三鲜米线的汤料，一种是筒子骨熬制，一种是火腿骨熬制，不涉其他，且调料也用得不重，还是讲究一个清字。与其他地方的三鲜面、三鲜米粉不同的是，镇雄人到底还是舍不下那点辣，大部分人吃三鲜米线，还是要放一大勺油辣椒、

糊辣椒甚至小米辣，硬生生把三鲜吃成四鲜。

镇雄如今的民族结构是以汉族为主体，清代之前，则是彝族人口占绝大多数。清雍正年间开始在西南少数民族中实行改土归流之后，汉族人口才逐渐增加，变为多数。镇雄虽然因地处川滇交界处，归属多次在川滇之间交替，但管理这块地方的，始终是彝族土司。明代初期，设芒部军民府，后来改为镇雄军民府。镇雄这个名字，取镇守雄关之意。清代，继承明制，设立镇雄土府，也就是土司府，此时还是归四川。雍正时期改土归流，撤销土司府，改由流官管理，设立镇雄府，又划归云南，结果到了云南，被压低一格，由府变为州，成为昭通府辖下，到民国的时候，又从州降为县。到现在，很多上了年纪的镇雄人说起镇雄府、镇雄州，说起"金腾越，银镇雄"，都会长叹一口气。

镇雄特产说起来也不少，用的有镇雄铁锅、灰砂药罐、蚕茧、生漆。吃的有魔芋、洋芋、竹笋、竹荪、香菇，最有特点的是高粱。南方的高粱产地不多，镇雄就是一个。这与镇雄的地理位置有关。中国有一条美酒之河，

赤水河。这条河两岸，美酒飘香，茅台、董酒、泸州老窖、郎酒、习酒、珍酒、金沙回沙、国台、毕节大曲等，总有几十种。赤水河的源头，就在镇雄。可惜的是，美酒河源头的镇雄不出好酒，好高粱都供给了贵州、四川。镇雄高粱是酿酒最好的高粱。我们喝的茅台酒、董酒、

青花郎，说不定就是镇雄高粱酿出来的。镇雄过去不产高粱。贵州、四川的这些名酒大佬需要高粱，而且高粱能卖出好价钱，促成了镇雄的高粱种植，最终成为镇雄农业的一个支柱。没想到，高粱的种植，也给镇雄人的食俗带

来新的改变。高粱能酿酒，高粱杆能榨糖，镇雄人了不起吧。这还不算什么，镇雄人还能拿高粱做成美食——镇雄汤圆。汤圆，当然是圆的，但是镇雄的汤圆却是三角形的，那形状，极像北京的糖三角，不过是小型的糖三角。镇雄汤圆有糯米粉的，也有高粱面的。无论糯米

粉还是高粱面包汤圆，都不搓成圆形，而是捏三个角，高粱是红的，汤圆自然也是红的，三角形的高粱面汤圆，在全国大概独此一份。

现在，我们看赤水河，是美酒河，但在中国革命史中，这是一条寄托了中国革命希望的河。红军四渡赤水，渡的就是这条河，一渡赤水、二渡赤水，都发生在镇雄。中国革命转危为安、转败为胜，镇雄是一个重要的节点。镇雄过去不通火车，成贵高铁通车后，镇雄圆了铁路梦，而且是高铁，对镇雄来说，是一步登天。高铁站选定的地点，是红军强度赤水、计划宿营的以勒镇。过去，想到镇雄，看看"雄关漫道真如铁""乌蒙磅薄走泥丸"，尝尝镇雄的羊肉米线、三鲜米线，高粱面三角汤圆，但一想到路途艰难，八成要打退堂鼓，因为无论从昆明，还是从贵阳、成都出发，都是公路，要几经转车，当天不一定能够到达。现在方便了，从这三个城市到鸡鸣三省的镇雄，都不会超过四个小时，早上出发，中午即到，到达的高铁站，就在以勒镇。

　　来吧，来乌蒙山区赤水河畔的镇雄看看吧，从以勒下车，半个小时就能到达镇雄县城，镇雄的美景、镇雄的美食等着您来观赏、来品尝呢。您不想尝尝镇雄的三鲜米线和镇雄的高粱汤圆吗？

盐津有个燃米线

盐津有个米线，叫燃米线，听名字就知道这个小吃与宜宾的燃面有些瓜葛。实际上，燃米线就是燃面从麦面向稻米的延伸，做法相同，只是把面条换成米线。不同的是，燃面有荤素之分，燃米线只有荤米线，没有素米线。

燃面原先就是素面，原因没有别的，就是因为穷。穷，吃不起肉，还想尝点儿荤，只有一样可以满足——猪油。所以最初的燃面就是猪油拌面，叫油条面。重庆小面、

成都担担面，皆为如此。当人们摆脱贫穷，想要进一步改善饮食的时候，荤燃面、荤小面、荤担担面出现了。到盐津人将燃面嫁接到米线的时候，燃面几乎已经一片荤，所以，从燃米线诞生起，就是荤米线。

燃面本质是干拌面，由于油用得重，几乎是点火就着，便有了燃面的名字。燃面的调味，主要是猪油、芽菜、盐。燃米线却不同，带有浓重的昭通风格，燃米线调味用的是昭通酱。用昭通酱将猪肉丁炒成红油肉酱，并用以拌米线，与燃面一样，配上豌豆尖，这就是燃米线。宜宾人吃燃面，因为油重，腻口，要配一碗紫菜豆芽冲的清汤。盐津人也一样，吃燃米线，配一碗紫菜葱花汤或者白菜汤，吃完米线清清口。

燃米线出现时间不算长，但是从出现的那一天开始，就有了喜爱这一口的食客。现在，不只盐津，昭阳、巧家都有了经营燃米线的小吃店。盐津的燃米线，也出现多样化格局——生椒燃米线、熏肉燃米线、辣鸡燃米线等。昭通人盘点昭通米线十八味的时候，燃米线是重要的一味。

　　宜宾的燃面，为什么会在盐津伴生出燃米线？这就要说说盐津与宜宾的关系。因为盐津与宜宾，本来就是伴生的关系，而且这个关系延续了两千多年。

　　宜宾古名僰道县，为何叫僰道县？因为前秦时，从宜宾到盐津所在的昭通，是僰人的天地。秦国将蜀国收入版图之后，开始向南扩张，想要跨过长江，进入云南，就要修一条能够行军的道路。从哪里开始修呢？选定从宜宾过长江，进入云南。当时宜宾还是蛮荒之地，为了修这条路，设了一个县——僰道县，就是今天宜宾的前身。修这条路的总指挥兼总工程师是谁呢？大名鼎鼎的李冰，那个修建都江堰、开一代水利先河的李冰。

　　川滇之间大山拥塞，都是石山。古时候，筑路工具简陋，铜铁大都做了兵器，要做修路工具舍不得。李冰的办法，不用铜铁，用火烧。就地砍柴，就地燃烧，把石头烧得滚烫，以水激之，石头爆裂，砍开，如此往复，一路向前，从僰道修到朱提，也就是从宜宾一直修到昭通。因为太难修筑，这条道宽仅五尺，遂被称为五尺道。李冰筑都江堰，是在修五尺道之后，说起来，李冰建功

立业第一功，立在云南。这条路是秦始皇的太爷爷在位时修建的，到了秦始皇的时候，已经破损得很厉害。秦始皇命令一个叫常頞的人整修，并且向南延伸，一直沿到味县，即今天的曲靖。这条道有一个分界点，就是盐津石门关。石门关之北，是中央王朝管辖的地盘，南面就不是了，是西南夷。因此盐津在古代就是汉夷的分界点。从四川进云南，宜宾到盐津，一条路把两个地方紧密地联系到一起。两地来往密切，无论物产交流，还是人际交流，历来频繁。两千多年的岁月磨合，盐津与宜宾的民风民俗便有了太多的相似之处，这其中，就包含了两地的饮食风俗。

盐津的小吃，即便是云南小吃，也多带了宜宾味道，燃米线就是一例。除了燃米线，很多盐津小吃实际上与宜宾完全相同，石门三粑便是一例。所谓石门三粑，就是猪儿粑、黄粑、桐子叶粑。冠以石门的名字，是以石门关代表盐津。这三粑，也是宜宾、泸州一

带的小吃。除了石门三粑，还有盐津三凉——凉糕、凉虾、冰粉，也是宜宾人夏日常吃的小吃。盐津水粉很有名，与筠连水粉无论做法还是吃法都一模一样，不过盐津人吃水粉的热情要高于筠连。特别是女孩子，别处早点多是一碗米线，盐津的女孩子就吃一碗加了油辣椒的水粉。在昭通，都认为盐津是出美女的地方，盐津女孩子皮肤普遍细腻白嫩，盐津人说，就是吃盐津水粉吃的。大约也有这个可能。

　　盐津近些年来开始成为旅游热点地区，有两处地方来游览的人多，一个是老县城，被称为中国名副其实的"一线城市"。盐津老县城是顺着关河两侧建的，岸边就是大山，而且极为陡峭，平地是没有的。本来无法建房，但是非要建，只能在江边的陡坡上劈出窄窄的一线平地，隔着江，建成窄窄瘦瘦高高的两条房子，一边靠江，一边靠山。平地不够，只能建吊脚楼，一边伸入江中，一边靠在山边，把街道挤成一条线。现在的很多摄影爱好者，都有了无人机，从上空往下拍，把"一线城市"真真切切地拍了出来，发表出去后，引来更多的摄友拥到

盐津，带着各种无人机，来拍这县城的"一线"。

另一个是豆沙关古镇，到豆沙镇，主要是看五尺道。李冰开凿的五尺道，到现在已经有两千三百多年的历史，但遗迹尚存。历代修路，都是在五尺道基础上扩修，所以五尺道的原貌还保留着，连马蹄印都还在。汉武帝开南夷道，只是对五尺道的修补。汉代之后，

中原将云南称为南中，控制南中的是蜀国。诸葛亮数次南征，包括七擒孟获，进出云南，走的就是这条路。唐代，中原与南诏往来，南诏王室进京，中原王朝遣使，走的也是这条路。小小一条五尺道，更是南方丝绸之路的重要一段。张骞出使西域，在阿富汗看见四川出的竹布，才知道南方贸易通道的存在，那竹布，很大可能就是从五尺道运过去的。明清两代，这条路更承载着滇铜北运的重任。昭通鲁甸的银锭、会泽东川的铜

锭，都是骡马驮运，到豆沙下五尺道，再装船运往宜宾、泸州。一直到20世纪70年代，水富到昆明的公路通车，这条五尺道才退出历史舞台。两千多年风雨，两千多年负重，五尺道坚硬的石头上，伤痕累累，特别是马蹄踏过的印痕，窄窄五尺，马蹄窝一路皆是，成为五尺道上一道独特的风景线。

　　看五尺道，最完整的遗迹在豆沙镇。就是石门关所在的豆沙镇。豆沙镇经历过一次地震，古镇上的老房子全毁，但是复建后的豆沙镇再现了川滇交界地区的建筑特点，虽是仿古建筑，仍然不失旧时风貌。到豆沙镇的

游客，川滇黔三省为多，为的是看五尺道，看石门关，更多的是来吃豆沙镇的美食。因为豆沙美食，已经成为昭通旅游的一张名片。豆沙镇沿街小吃，亦滇亦川，川滇皆有。油炸洋芋、水粉、豆花饭、粉蒸肉、

各色米线，布满街巷，很多从宜宾到豆沙镇的游客，还被这个景象迷惑，这到底是川还是滇？这就是盐津特色。最好的体验，是吃一次燃米线，看看与宜宾燃面的异同，说不定，在品尝到这昭通酱造就的滇风滇味，会喜欢上这款美食，进而喜欢上这个"一线城市"呢。